每个孩子
都能开出
自己的花

英子——编著

天津出版传媒集团
天津科学技术出版社

图书在版编目（CIP）数据

　　每个孩子都能开出自己的花 / 英子编著. — 天津：天津科学技术出版社，2023.1
　　ISBN 978-7-5742-0644-1

　　Ⅰ.①每… Ⅱ.①英… Ⅲ.①成功心理 – 青少年读物 Ⅳ.① B848.4-49

　　中国版本图书馆 CIP 数据核字（2022）第 234978 号

每个孩子都能开出自己的花
MEIGE HAIZI DOUNENG KAICHU ZIJI DE HUA

策划编辑：	杨　譞
责任编辑：	张　萍
责任印制：	兰　毅
出　　版：	天津出版传媒集团 天津科学技术出版社
地　　址：	天津市西康路 35 号
邮　　编：	300051
电　　话：	（022）23332490
网　　址：	www.tjkjcbs.com.cn
发　　行：	新华书店经销
印　　刷：	德富泰（唐山）印务有限公司

开本 880×1 230　1/32　印张 6　字数 160 000
2023 年 1 月第 1 版第 1 次印刷
定价：38.00 元

前　言

　　成功是许多人梦寐以求的目标，而成功要靠什么来实现呢？是能力！能力是人赖以生存的基本条件，一个人只有具备能力，才能被社会需要和认可。能力已经成为决定一个人能否成功的标准，能力决定了一个人的命运。

　　诸如哈佛大学、斯坦福大学、牛津大学这样的世界名校之所以能培养出无数个精英，根本原因就是重视培养学生的各种能力。比如，截至目前从哈佛大学一共走出了8位美国总统、160位诺贝尔奖获得者、18位菲尔兹奖（数学领域）获得者、14位图灵奖（计算机科学领域）获得者、30位普利策奖（新闻领域）获得者及无数社会精英……

　　青少年处在人生的成长阶段，是一个精力充沛的群体，一个年轻快乐的群体，一个满怀抱负的群体，一个渴望杰出的群体。这一阶段正是挖掘自我潜质、培养能力、提高素质的黄金时期。在此时打下良好的基础，那他以后的道路会走得顺畅些，也能更快地到达成功的巅峰。

　　用精英的智慧经验，点亮青少年的人生！本书从自信、积极心态、适应力、良好习惯、挖掘潜能、确立目标、实践能力、冒险精神、创新能力、时间管理、抓住机遇、人际交往、领导力、自我推销、自我保护等层面总结出杰出青少年应具备的15种杰出能力，帮助广大成长中的青少年培养成功的能力。书中结合当今社会现实，通过经典故事，将重点放在了怎样具备这样的能力和如何解决实际问题上，使其不仅仅停留在理论的层面上，而具备现实的可操作性。

目 录

1 驾驭自己的能力——做自己的主宰

驾驭了自己，也就驾驭了未来　　1

相信自己，做好自己　　4

控制自己的情绪　　7

制定管理自己的策略　　12

2 战胜命运的能力——自强不息，做人生的斗士

在绝望中抓住希望　　14

不幸也能成动力　　19

风雨中灿烂依旧　　23

永远进取，永不言败　　25

3 适应环境的能力——物竞天择，适者生存

适应能力让你独领风骚　　29

引爆机智，以变应变才有机会　　33

学会自我调整，锻造自身承受力　　36

4 培养良好习惯的能力——活出一种境界

习惯的力量　　　40

良好的习惯让你事半功倍　　　43

与成功牵手的 5 种习惯　　　45

5 挖掘潜在的能力——掌控人生的暗码

有限的生命，无限的潜能　　　48

从意识上肯定自己　　　51

进行有效自我暗示　　　54

开发潜能有渠道　　　57

6 确立目标的能力——定位人生，把握命运

目标，进取的动力　　　62

适合自己的就是最棒的　　　66

确立目标应考虑的因素　　　69

确立目标应遵循的原则　　　73

7 乐于实践的能力——挑战梦想，打造现实

纸上得来终觉浅，绝知此事要躬行　　　77

做好准备　　　80

冲出经验怪圈　　　83

临渊羡鱼，不如退而结网　　　84

8 敢于冒险的能力——冲破限制自己发展的瓶颈

  在惊涛骇浪中丰富人生　　88

  克服恐惧，站在最前面　　93

  尝试"不可能"　　97

9 勇于创新的能力——独辟蹊径，出奇制胜

  创新思维引领创新行动　　99

  拒绝模仿，让"金点子"飞翔　　102

  张扬自我个性，敢于标新立异　　105

  逆风飞扬，化劣势为优势　　109

10 管理时间的能力——拉紧生命的纤绳

  合理规划你的时间　　113

  科学计算时间，用好二八法则　　119

  时间就像海绵里的水　　123

11 抓住机遇的能力——扼住命运的咽喉

  机遇偏爱有准备的人　　126

  充实自我，迎接挑战　　131

12 人际交往的能力——搭上成功的顺风船

  真诚才能赢得信任　　134

学会赞美别人　　　137

学会宽容，不要太苛求完美　　　141

13 卓越的领导能力——出类拔萃，凝聚人心

领导能力让你更出色　　　145

学会当机立断　　　149

在服务他人中培养自己　　　152

储藏领导才干　　　156

14 自我推销的能力——突破命运的樊笼

开门见山，形象提升你的品位　　　160

含而不露，内涵雕琢你的魅力　　　163

把握推销技巧，让你独领风骚　　　168

15 自我保护的能力——随时随地带上护身剑

培养自我保护意识　　　172

远离烟酒的毒害　　　174

不要让赌博缠身　　　179

1

驾驭自己的能力

——做自己的主宰

哈佛告诉你

这是一个充满竞争的社会,有智慧的人不会相信宿命论。亲爱的青少年们,千万不要陷入一时的失意不能自拔,坚定地告诉自己:我们要驾驭自己,我们要主宰自己的命运,其他人严禁干涉!

驾驭了自己,也就驾驭了未来

人的命运就操纵在人的手里。

——萨特

驾驭自己就是要相信自己,对自己充满信心,永远保持一颗坚定的心。这样你的未来就会在你的掌控之中,那么前途未卜、庸人自扰的想法也就灰飞烟灭了,还有什么可担心的!

保持信心就如同争取高贵的名誉一样重要，信心是走向成功的最有力的保障。因为生活就是这样，有时决定你成败的不是能力的高低，而是你是否有信心，是否相信"我能行"。

每个人的能力大小虽然各不相同，但如果一个人具有必胜的信念，肯定会更大地激发他的能力。

生活中，一个缺乏信心的人，就如同一根受了潮的火柴，是不可能擦亮希望的火光的。有一位研究成功学的专家曾经这样说过："信心是生命和力量，信心是奇迹，信心是创立事业之本。只要有信心，你就能够移动一座山；只要你相信会成功，你一定能赢得成功。"

无论一个人多么聪明，多么有才华，如果他对自己的聪明才智不能给予肯定，没有一点自信，那么他实际上什么都没有，只不过是一个摆设而已。

任何一个成功的人都对自己的能力、实力等有一个准确的定位。他会对自己所具备的能力非常的自信，也有足够的能力说服自己、认可自己。

英国历史学家弗劳德说："一棵树如果要结出果实，必须先在土壤里扎下根。同样，一个人首先需要学会依靠自己、尊重自己，不接受他人的施舍，不等待命运的馈赠，只有在这样的基础上，才可能做出成就。"

有一位书法家把自己的一幅佳作送到画廊里展出，他别出心裁地放了一支笔，并附言："观赏者如果认为这幅字有欠佳之处，请在字上做记号。"结果字面上标满了记号，几乎没有一处不被指责。过了几日，这位书法家又写了一张同样的作品拿去展出，不过这次附言与上次不同，他请每位观赏者将他们最为欣赏的妙笔都标上记号。当他再取回作品时，看到上面又被涂满了记号，甚至原先被指责的地方，也都换上了赞美的标志。

这位书法家不受他人的操纵，所以在任何情况下，都不会迷失自己，都会有完全的自信。正像林润翰先生所言，他"自信而不自满，善听意见却不被其所左右，执着却不偏执"。

从22岁到54岁，里根一直在文艺圈中，从政对于他完全是陌生的，更没有什么经验可谈。但当机会到来时，共和党的保守派和一些富豪们竭力怂恿他竞选加州州长，里根毅然决定放弃大半辈子赖以为生的演艺事业，坚决地投入到政治中。最后，里根成为美国第39任总统。

天底下最难的事莫过于驾驭自己，这绝对是个很大的挑战，怎么才能不虚度此生呢？怎样才能知道自己选择了合适的职业或恰当的目标呢？与其让双亲、老师、朋友或经济学家为我们制订长远规划，还不如自己来了解一下我们"擅长"做什么。

明确了目标后，行动不可能是一帆风顺的，但是我们要学会适应，就是把困难作为正常的东西加以接受。生活中的逆境和失败，如果我们把它们作为正常的反馈来看待，就会帮助我们增强免疫力，防御那些有害的、具有负面影响的反应。

其实，驾驭自己最重要的是有勇气、有自信改变自己的命运。

种瓜得瓜，种豆得豆，我们所得的报酬取决于我们所做的贡献。你一定会为自己在生活中所处的位置,或者荣获赞誉或者蒙受耻辱。有责任心的人关注的是那些束缚自己的枷锁,在关键时刻,宣告自己的独立。

青少年们,从现在开始把自己的命运掌控在自己的手中吧,做自己的主宰,用自己的奋斗营造自己的未来,这将是人生中最有意义、最有价值的一件事。

相信自己,做好自己

自信和希望是青年的特权。

——大仲马

每一个成功的人都知道,他们所依据的成功法则并非是命运决定一切。他们知道,任何事物都不是偶然的,只有那些浅薄的人才会相信命运,而睿智的人相信自己,相信自己无坚不摧的信念,相信自己永恒的决心与毅力,相信自己全力以赴的拼搏精神。

那些依赖运气的人总是满腹牢骚,只是一味地期待着机遇的来临,而机遇真正来临的时刻,他们却无法把握。至于那些获得成功的人,他们的命运总是掌握在他们自己的手中,他们有着无比坚定的信念,他们知道只有自己的力量才是最可靠的!

真正的自信不是孤芳自赏,也不是夜郎自大,更不是得意忘形、自以为是和盲目乐观;真正的自信是看到自己的强项或者说好的一面来加以肯定、展示或表达。它是内在实力和实际能力的一种体现,能够清楚地预见并把握事情的正确性和发展趋势,引导自己做得最好或更好。

自信可以让我们成为所希望的那样，自信可以让我们心想事成。

只有先相信自己，别人才会相信你，多诺阿索说："你需要推销的首先就是你的自信，你越是自信，就越能表现出自信的品质。"一个人一旦在心中把自己的形象提升之后，其走路的姿势、言谈、举止，无不显示出自信、轻松和愉快，从气势上表现出可以自己做主并且冲劲十足、热情高涨、热心助人。

一个冲劲十足、热情高涨、热心助人的人绝对拥有成功的资本。

不自信就会自卑，自卑就会恐惧……所以缺乏自信带来的后果是非常可怕的。

如果你不相信自己，那么你还存在吗？

一群学者向苏格拉底请教"怎样才能坚持真理"。苏格拉底用手指捏着一个苹果，慢慢地从每个学者的座位旁边走过，一边走一边说："请集中精力，注意嗅空气中的气味。"

然后，他回到讲台上，把苹果举起来左右晃了晃，问："哪位闻到了苹果的味儿？"

有一位学者举手回答说："我闻到了，是香味。"

苏格拉底再次走下讲台，举着苹果，慢慢地从每一个学者的座位旁边走过，边走边叮嘱："请大家务必集中精力，仔细嗅一嗅空气中的气味。"

稍停，苏格拉底第三次走到学者中，让每位学者都嗅一嗅苹果。这一次,除一位学者外,其他学者都举起了手。

那位没举手的学者左右看了看,也慌忙举起了手。

苏格拉底脸上的笑容不见了,他举起苹果缓缓地说:"非常遗憾,这是一个假苹果,什么味儿也没有。"

当你放弃自己的坚持而去选择与他人相同的结果时，你的自信便已离你远去。缺乏自信常常是自身软弱的表现。

无论在学习上，还是生活中，自信都是支持青少年走向优秀的"营养剂"。所以，在平时的教育中，家长和老师一定要注意培养他们的自信心。许多人以为，信心的有无是天生的，不变的。其实并非如此，童年时代受人喜爱的孩子，从小就感觉到自己是善良、聪明的，因此才获得别人的喜爱，于是他们就尽力使自己的行为名副其实，使自己成为自信的人。而那些不得宠的孩子呢？人们总是训斥他们："贪玩""不聪明""他不行"于是他们就真的养成了这些恶劣的品质。因为人的品行很大程度上是取决于自信的，所以家长和老师对青少年的后天帮助也是相当重要的。

"师父领进门，修行在个人。"青少年不能仅凭单薄的外界力量树立自信，最根本的还是从自我做起。

控制自己的情绪

一个人，即使驾着的是一只脆弱的小舟，但只要舵掌握在他手中，他就不会任凭波涛的摆布，而有选择方向的主见。

——歌德

情绪是人对事物的一种最浮浅、最直观、最不用脑筋的情感反应。它往往只从维护情感主体的自尊和利益出发，不对事物做复杂、深远和智谋的考虑。这样的结果，常使自己处在很不利的位置上或为他人所利用。本来，情感离智谋就已距离很远了（人常常以情害事，为情役使，情令智昏），情绪更是情感的最表面、最浮躁的部分，凭情绪做事，焉有理智？

不理智，能有胜算吗？

青少年一边是情绪逐渐地趋向成熟、愉悦、平静、稳定，积极的情绪因素不断增加；一边是情绪问题仍不断地出现，厌学、抑郁、焦虑、冷漠，诸如此类的情绪给他们的成长与发展罩上了阴影。有的阴影随着时间的推移而自然消逝，可有的阴影却需要人为地施加力量才能驱散。

青少年正处于身体发育和社会经验增长时期，情绪波动比较大，容易发怒。青少年朋友像一部正在磨合的汽车，对情绪的控制远远没有达到得心应手的境界，经常会因为一点小事耿耿于怀，也经常由于"不顺心""不如意"而怨天尤人、意志消沉。

这些都是正常的现象，因为他们正处在思维以及人生观的"大碰撞"时期；同时，这些也是不正常的现象，因为人若是不能有效地控制自己的情绪，就有可能变得和动物没有什么分别了。

其实，我们情绪的"开关"就掌握在自己手上，是我们自己而不是别人在控制我们的情绪。在同样的负担下，谁的情绪更好、身体更健康，取决于谁更善于控制这些"开关"。

韩信在青年时期穷困潦倒，被人瞧不起。一天，一个屠夫指着韩信的鼻子说："你敢在我身上扎两刀吗？如果不敢，那么请从我的胯下爬过去。"真是欺人太甚！韩信听罢，不禁怒从心头起，想狠狠地教训教训他。但转念一想，为何要跟一个屠夫一般见识呢？来日方长，于是一咬牙，一狠心，便从屠夫的胯下钻了过去。

后来,韩信被刘邦拜为大将,他不但没有杀掉那个屠夫,反而赏之以金,委之以官,使其深受感动,最后还成了舍命保韩信的勇士。

韩信的度量可谓大矣,忍耐之心可谓强矣!忍让、控制情绪并不是软弱可欺,而是一种大气与远见。

我们每个人都在努力做使自己生活得更有意义的事,并且在向着未来的目标奋进。但是，生活在现实的世界中，我们绝不应该采取仅使今天感到愉快而丝毫不顾及明天可能发生的后果的态度。我们的情绪大都容易倾向于获得暂时的满足，所以我们要做好自我约束。在追求一种有意义的生活时，我们应当努力控制自己的情绪，使自己向好的一面发展，而决不能只顾眼前的利益。

青少年，问一问自己，你曾经因冲动犯过傻吗？你试过控制自己的情绪吗？这里我们介绍几种控制自己情绪的方法。

1. 正确评价自己

任何情绪和情感的产生都有其根源，有时它隐藏得很深，我们很难觉察，但是它却似一只无形的手，牢牢地把握着情绪的方向和发展。我们只有紧紧抓住这只无形的手，才能从被动转为主动，才能将情绪控制在自己理智所及的范围之内。有时候，情绪和情感发生的原因十分简单和明显，但我们却可能故意避开这种显而易见的原因，找出许多次要的、无关紧要的理由，因为要正确地找出某些情绪的原因常常是使人痛苦的。例如，当我们内心受到严重的伤害时，我们不敢也不愿承认自己之所以受到伤害是由于自身的脆弱和无能，我们可能曲折而迂回地从外界去找原因，或把自己完全置于无辜的位置，以求得内心的平衡。不敢正视自己，不敢正确评价自己，阻碍着我们对自己进行理智的认识和评价。青少年一定要克服这种毛病。

2. 转移，换个环境

当受到无法避免的痛苦打击时，我们长期沉浸在痛苦之中，既于事无补，不能解决任何问题，又影响自己的学习和工作、损害健康。所以我们应该尽快地把自己的注意力转移到那些有意义的事情上去，转移到最能使自己感到自信、愉快和充实的活动上去。

这一方法的关键是尽量减少外界刺激，尽量减少它的影响和作用。

3.感悟各种愉快的生活体验

每一个人的生活中都包含各种体验，青少年朋友可以多回忆积极向上、愉快的生活体验，这有助于克服不良情绪，保持乐观的心理状态。

比如说一次考试失利，不要总是沉浸在懊丧里自怨自艾。也许有些题目你的答案正确，可是分数高的同学却没有做出来，这说明你还是有能力的，成绩不好不过是暂时的。在这种情况下，振作精神，客观冷静地找出原因要比灰心丧气好得多。

同样，我们要有意识地搜集能让我们快乐的生活片段，将它们剪辑到我们的记忆中，并时时在脑海的荧幕里播放。

4.学会换位思考

有一句话说得好，保持情绪的最好方法就是多看看比我们还不幸的人。悲观的失败者视困难为陷阱，乐观的成功者视困难为机遇，结果就有两种截然相反的生存轨迹。

凡事从好处想，就会看到希望，有了希望才能增添我们生存的勇气和力量。面对不良情绪困扰的时候，我们不妨换个角度想想，别人能做到的，我们为什么做不到呢？

制定管理自己的策略

> 一番激烈抗争之余,当濒临绝望之际,倏然返回自我的人,即可认清自己和世界,进而改变自己的所有本质,超越自我和一切的痛苦,进入无比崇高、平静、幸福的世界。
>
> ——叔本华

青少年一定要从人生的开始就管理好自己,先征服了自己才能征服世界。如何管理自己呢?这已是当务之急。

第一,对自己的思想活动、言行表现等进行管理,分析对错得失,明确努力的方向。很多杰出人士都有这方面成功的经验,如每天下班后、就寝前"过过电影",坚持写日记、周记等。

第二,在心中描绘一幅希望自己达到的成功蓝图,然后不断地强化这种印象,使它不致随着岁月流逝而消退模糊。此外,相当重要的一点是,切莫设想失败,亦不可怀疑此蓝图实现的可能性。因为怀疑将会对实现蓝图构成障碍。

第三,不要因受他人的威信影响而试图仿效别人,须知唯有自己方能真正拥有自己,任何人都不可能成为另一个自己。正确评估自己的实力,然后给自己定一个目标,以目标为动力前进。

第四,与别人相比较,对照检查自己。人都是在一定的社会关系中生活的,只有把自己与其他的社会成员进行比较,才能确定自己的社会位置以及长处和短处。有比较才有鉴别,没有其他人作为参照,就不能有效地认识自己。管理自己更要自觉地放开眼界,特别注意向历史上和现实中的模范人物学习,因为他们的优点更为突出，学习起来也更明确。

第五，可以和父母签订书面协议，以外在压力约束自己。该方法对于青少年来说非常适用。如果遇到难题，不妨考虑签订一个合约来解决它。合约实施的步骤如下：

（1）确定问题。合约应强调解决家庭中的某个具体的、明确的问题。例如，在家玩电脑。合约中描述的目标不应模棱两可，难以测量。合约可用于激励青少年每天放学后按时回家，及时完成家庭作业后，才允许在闲暇时间玩电脑。

（2）与父母协商问题解决的方案。试着共同达成一项解决方案而不是强迫自己同意该方案。随着青少年年龄的增长，青少年可以争取更多的权利，以便参与方案的制定。切忌将合约强加于自己身上，这样我们的内心会设法反抗，反而加剧了家庭冲突。

2

战胜命运的能力
——自强不息，做人生的斗士

哈佛告诉你

正当贝多芬精力充沛、充满热情地献身于他所钟爱的音乐事业时，不幸的事情发生了，由于患耳病，贝多芬渐渐失去了听觉。但是贝多芬勇敢地向命运发起了挑战，他在给朋友的信中豪迈地写道："我要扼住命运的咽喉，它休想使我屈服！"

在绝望中抓住希望

不因幸运而故步自封，不因厄运而一蹶不振。真正的强者，善于从顺境中找到阴影，从逆境中找到光亮，时时校准自己前进的目标。

——易卜生

苦难是一笔巨大的财富。从苦难中获得的东西，都是赢得成功必要的投资。苦难缔造了强者健康有力的品格,丰富了强者的斗争经验,锻炼了强者非凡的才干,而这些都是获取成功必不可少的因素。总之,"苦难是成功之母"。不经风雨怎么见彩虹?如果你想摘玫瑰,就不要怕刺!人的一生不可能只有成功的喜悦而没有遭受挫折的痛苦,一个人如果能在失望中与绝望中看到希望,抓住新生,那他就已经有了成功的苗头。困难和挫折,对于处在人生初期的青少年而言,是在所难免的,但同时"苦难也是一所最好的学校"。

1967年夏天,美国跳水运动员乔妮·埃里克森在一次跳水事故中身受重伤,全身瘫痪。

乔妮哭了,她躺在病床上彻夜难眠。她怎么也摆脱不了那场噩梦,为什么跳板会滑?为什么她恰好在那一刻跳下?不论家里人和亲友们如何安慰她,她总认为命运对她实在不公。她被迫结束了自己的跳水生涯,离开了那条通向跳水冠军的路。

她曾经绝望过。但是,她拒绝了死神的召唤,开始冷静思索人生的意义和生命的价值。

她借来许多介绍前人如何成才的书籍,一本一本认真地读了起来。

尽管她有健康的双眼,但读书仍是很艰难的,只能靠嘴衔根小竹片去翻书,劳累、伤痛常常迫使她停下来。休息片刻后,她又坚持读下去。通过大量的阅读,她终于领悟到:我是残了,但许多人残了之后,却在另外一条道路上获得了成功,他们有的成了作家,有的创造了盲文,有的创造出美妙的音乐,我为什么不

能？于是，她想到了自己中学时代曾喜欢画画。我为什么不能在画画上有所成就呢？这位纤弱的姑娘变得坚强起来，变得乐观起来了。她捡起了中学时代曾经用过的画笔，用嘴衔着，练习开了。

这是一个多么艰辛的过程啊。用嘴画画，她的家人连听也未曾听说过。

他们怕她不成功而伤心，纷纷劝阻她："乔妮，别那么倔强，哪有用嘴画画的，我们会养活你的。"可是，他们的话反而更坚定了她学画的决心，"我怎么能让家人养活我一辈子呢？"她更加刻苦了，常常累得头晕目眩，汗水把双眼弄得辣痛，甚至有时泪水把画纸也打湿了。为了积累素材，她还常常乘车外出，拜访艺术大师。

好些年过去了，她的辛勤劳动没有白费，她的一幅风景油画在一次画展上展出后得到了美术界的好评。

不知为什么，乔妮又想到要学文学。她的家人及朋友们又劝她了。"乔妮，你绘画已经很不错了，还学什么文学，那会更苦了你自己的。"她是那么倔强、自信，她没有反驳，她想起一家刊物曾向她约稿，要她谈谈自己学绘画的经过和感受。她用了很大力气，可稿子还是没有写成，这件事对她影响太大了，她深感自己写作水平差，必须一步一步地来。这是一条满是荆棘的路，可是她坚信艺术的桂冠在前面熠熠闪光，等待她去摘取。经过艰辛的努力，乔妮成功了。1976年，她的自传《乔妮》出版了，轰动了文坛，她收到了数以万计的热情洋溢的信。两年又过去了，她的《再前进一步》一书问世了，该书以她自己的亲身经历告诉残疾人，应该怎样战胜病痛，立志成才。后来，这本书被搬上了银幕，影片的主角是由她自己扮演的，她成了千千万万青年自强不息、奋进不止的榜样。

其实，不幸的人毕竟是少数，尤其是生活在这个崭新年代的青少年，你们是幸福的、快乐的，遇到的大多是好的境况，再不好的境况也只是考试不理想、学习跟不上等问题。这次没考好，难道下次也会差吗？这学期学习跟不上，下点功夫难道下学期还没有起色吗？客观情况都是无关紧要的，最重要的是在绝望中抓住希望，像乔妮一样，没有什么可以阻挡你们前进的路。

青少年是活力的主宰，年轻就有希望，一切失败只是暂时的。

无法从失败中总结经验教训的人，注定会重蹈覆辙。成功的人总会不断地从过去的失败中总结经验，并以此为戒，避免再次犯同样的错误，他们会把每次挫折都当成一次学习的机会。

每一次挫折都包含着珍贵的启示，包括失败者的心态、方法和技巧。善于反省，将会引领你走上成功之路。生命中没有逆境，也就无法使智慧增长；而缺乏希望，成功将永远把你拒之门外。如果不可避免地犯了错误，就对自己说："现在我知道这是错的，我永远也不会再犯同样的错。"过去犯的错将成为你今后的教训，时刻提醒你，这样的错也就不会再困扰你了。

不幸也能成动力

不幸，是天才的晋身之阶，信徒的洗礼之水，能人的无价之宝，弱者的无底之渊。

——巴尔扎克

不幸是成功的前奏曲，更是成功的磨刀石。换一种角度去看待不幸，眼前的世界就会焕然一新。

西汉司马迁，少年时就终日沉浸在如山如海的经史子集中，父亲严苛的教育让他苦恼不堪；后来又因为替李陵说了一句公道话而被处以酷刑，更让他觉得生活是不幸的。为了完成《史记》，他不得不忍辱负重，天天遭受别人嘲笑的白眼，但是，他依然坚强地顶住了生活的压力，完成了我国著名的一部史书。

王安石在宋神宗时，几上几下，权力时而大到一人之下，万人之上，时而小到州府管辖的县官。但是，无论政治地位怎样变迁，他都能平静地对待生活中的不幸，用博大的胸襟化解各个方面的不幸。

与王安石同时代的苏轼，才气、名声都极高，却始终没有得到当权者的重用，一腔热血、满腹经纶无从施展，只能在流放江湖的境况下，以诗、词、书、画、文施展自己的才华。但是，这些生活中的不如意并没有让他终日牢骚消沉，而是让他以超常的豁达寻求另外一种生存。

青少年朋友正处于人生最懵懂的时期，在这段时光里，大多数人还不知道生活中有很多不幸,也没有尝到生活的真正滋味。但是,毕竟我们已经踏进了人生的门槛,一些问题也将接踵而来。

著名心理学家贝弗时奇说得好:"人们最出色的工作往往是在逆境中做出的。思想上的压力,甚至肉体上的痛苦都可能成为精神上的兴奋剂。很多杰出的伟人都曾遭受过心理上的打击及形形色色的困难。"他还指出:"忍受压力而不气馁,是最终成功的要素。"

现实是残酷的、不幸的,青少年一定要认清这个事实,把不幸化为动力,开辟出一条自己的路。

海伦·凯勒的不幸是众所周知的,那她又是如何成大事的呢?

海伦刚出生时,是个正常的婴孩,能看、能听,也会牙牙学语。可是,一场疾病使她变得既盲又聋又哑——那时她才19个月大。

生理的剧变,令小海伦性情大变,稍不顺心,她便会乱敲乱打,野蛮地用双手抓起食物塞入口里;若被试图纠正,她就会在地上打滚,乱嚷乱叫,简直是个十恶不赦的"小暴君"。父母在绝望之余,只好将她送至波士顿的一所盲人学校,特别聘请一位老师照顾她。

所幸的是,小海伦在不幸中遇到了一位伟大的光明天使——安妮·沙莉文女士。

从此,沙莉文女士与这个蒙受三重痛苦的姑娘的斗争就开始了!洗脸、梳头、用刀叉吃饭都必须一边和她格斗一边教她。固执己见的海伦以哭喊、怪叫等方式全力反抗着严格的教育。最终沙莉文女士以博大的爱心和坚定的信心打动了海伦。

关于这件事,在海伦·凯勒所著的《我的一生》一书中,有感人肺腑的深刻描写:一位年轻的复明者,没有多少"教学经验",将无比的爱心与惊人的信心,灌注到一位全聋全哑的小女孩身上——先通过潜意识的沟通,靠着身体的接触,为她的心灵搭起一座桥。从此,自信与自爱在小海伦的心里产生,将她从痛苦的孤独地狱中拔救出来,将她潜意识的无限能量发挥出来,步向光明。

1893年5月8日,是海伦最开心的一天,这也是电话发明者贝尔博士值得纪念的一天。贝尔博士在这一天成立了他那著名的国际聋人教育基金会,而为会址奠基的正是13岁的小海伦。

若说小海伦没有自卑感,那是不可能的。幸运的是她在心底里树起了颠扑不灭的信心,完成了对自卑的超越。

小海伦成名后,并未因此而自满,她继续孜孜不倦地接受教育。1900年，这个20岁的残疾女孩学会了指语法、凸字及发声，并通过这些获得了超过常人的知识，进入了哈佛大学莱德克利芙学院学习。她说出的第一句话是："我已经不是哑巴了！"她发觉自己的努力没有白费，兴奋异常，不断地重复说："我已经不是哑巴了！"4年后，她作为世界上第一个接受大学教育的盲聋哑人，以优异的成绩毕业。海伦不仅学会了说话，还学会了用打字机著书和写稿。她虽然是位盲人，但读过的书却比视力正常的人还多。而且，她著了7本书，还比正常人更会鉴赏音乐。

海伦·凯勒，身为一个盲聋哑残疾人，凭着她那坚强的信念，终于战胜了自己，体现了自身的价值。她虽然没有发大财，也没有成为政界伟人，但是，她所获得的成就比富人、政客还要高。

第二次世界大战后，她在欧洲、亚洲和非洲各地巡回演讲，唤起了社会大众对残疾者的注意，她被《大英百科全书》称颂为有史以来残疾人士中最有成就的由弱而强者。美国作家马克·吐温评价说："19世纪中，最值得一提的人物是拿破仑和海伦·凯勒。"

海伦·凯勒把不幸转化成自身发展的动力，身残而志不残，为青少年树立了榜样。当你遇到挫折，遇到失败，遇到不幸时，请你想想海伦·凯勒！父母的离异、家庭的破裂……有什么可怕的，再不幸，也比海伦幸福百倍。我们不是要求每个青少年做到海伦那样，但是我们必须学会把不幸转化为动力，千万不能在顾影自怜中把自己埋没！

风雨中灿烂依旧

人生在世，绝不能事事如愿。遇见了什么失望的事情，你也不必灰心丧气。你应当下个决心，想法子争回这口气才对。

——马克·吐温

无论生命的旅程是一帆风顺的，还是充满磨难的，都要在内心中永葆一份风雨中的灿烂。当我们的灵魂感受到光明传递的信息，便会唤起无限的力量，去创造生命的奇迹！人一旦离开了希望，就无法获得力量，内心就缺乏永久的安宁。具有坚定信念的人，在困难面前绝不会退缩；当麻烦接踵而至时，他不会绝望。无论他前进的道路看似多么坎坷、多么黑暗，他都对自己能够走上更加平坦、更加光明的道路充满希望，他都能看到一个宁静祥和、光明灿烂的目的地。这是因为有希望的地方就有勇气，就有韧劲，就有坚定与力量。

1832年，林肯失业了，这显然使他很伤心，但他下决心要当政治家，当州议员。糟糕的是，他竞选失败了。在一年里遭受两次打击，这对他来说无疑是痛苦的。接着，林肯着手自己开办企业，可一年不到，这家企业又倒闭了。在以后的17年间，他不得不为偿还企业倒闭时所欠的债务而到处奔波，历尽磨难。随后，林肯再一次决定参加竞选州议员，这次他成功了。他内心萌发了一丝希望，认为自己的生活有了转机："可能我可以成功了！"然而事实并非如此。

1835年，他订婚了。但离结婚还差几个月的时候，未婚妻不幸去世。这对他精神上的打击实在太大了，他心力交瘁，数月卧床不起。1836年，他得了神经衰弱症。1838年，林肯觉得身体状况良好，于是决定竞选州议会议长，可他失败了。1843年，他又参加竞选美国国会议员，但这次仍然没有成功。

林肯虽然一次次地尝试，却一次次地遭受失败：企业倒闭、情人去世、竞选败北。

林肯是一个聪明人，他具有执着的性格，他没有放弃，他也没有说："要是失败会怎样？"1846年，他又一次参加竞选国会议员，最后终于当选了。

两年任期很快过去了，他决定要争取连任。他认为自己作为国会议员的表现是出色的，相信选民会继续选举他。但结果很遗憾，他落选了，并为这次竞选他损失一大笔钱。

林肯申请当所在州的土地官员，但州政府把他的申请退了回来，上面指出："做本州的土地官员要求有卓越的才能和超常的智力，你的申请未能满足这些要求。"接连又是两次失败。然而，作为一个聪明人，林肯没有服输。1854年，他竞选参议员，又失败了；两年后他竞选美国副总统提名，结果被对手击败；又过了2年，他再一次竞选参议员，还是失败了。林肯尝试了11次，可只成功了两次，他一直没有放弃自己的追求，他一直在做自己生活的主宰。1860年，他当选为美国总统。

林肯的毅力可见一斑，他是在屡次的失败中召唤着灿烂的成功，他不会因失败而放弃自己的追求，失败一次也就离成功近了一步。再一次的失败再一次爬起，是什么在支撑他这么坚持下去呢？这是因为他相信，风雨中灿烂依旧。

然而，在日复一日的忙碌中，许多人却忘记了给自己的生命点燃一份执着的信念，以至于把人生看得索然无味。实际上，希望对于生命来说，是极其重要的。如果生活是船，那么，希望就是帆。你可以没有金钱，但不能没有希望。你可以没有权势，但不可以没有生活的追求。追求是一个人进取的脊梁，它的潜在价值远远不能用有形的物质形态去衡量。

青少年阶段还只是人生的起步阶段，以后要经历的风雨会更多，只要坚信风雨中灿烂依旧，你终会实现自己的梦想的！

永远进取，永不言败

生命之箭一经射出就永不停止，永远追逐着那逃避着它的目标。

——罗曼·罗兰

进取，就是不知足，就是不满足已有的发展水平，不满足已取得的成绩。志向远大、努力向上是进取，为改变现状而奋力拼搏也是进取。一个人若是有了它，就会积极向上；一个社会有了它，就会充满活力，就会大踏步地向前发展；一个国家有了它，就会国富民强，蒸蒸日上。

进取心是一种极为珍贵的美德，它能促使一个人做他自己应该做的事，而不是在被动的状态下接受任务。胡巴特说："这个世界愿对一件事情赠予大奖，包括金钱和荣誉，那就是'进取心'。"

一个志向远大的人应当不断地发展自己，不断地丰富自己。

在眼界上，努力吸收新的知识，思考新的问题；在事业上，努力争取年年有发展和增长。不满足于现状，不断否定自己，不断超越自己，不断给自己树立新的目标。简言之，进取心就是主动地去做应该做的事情，而不是等待别人的吩咐。仅次于主动去做应该做的事情的人，就是当有人告诉他该怎么做时，立刻去做。更次等的人，只有在被人从后面踢一脚时，才会去做他应该做的事。这种人永远都不会有出头之日，他们往往生活在社会的最底层。然而最糟糕的是这种人，他根本不去做他应该做的事，即使有人跑过来向他示范该怎样做，并留下来陪着他做，他也不会去做。他大部分时间都在失业中，因此，易遭人轻视，命运之神也不会眷顾他。

当一个人的进取心达到不可遏止的时候，他的成功便会具有必然性。比尔·盖茨认为：进取心是一个成功人士首先必须具备的品质。当一个人失去进取心时，他周围的一切都将失去光泽。

太阳神炎帝有一个钟爱的小女儿，名叫女娃。炎帝工作很忙，每天一大早就要去东海，指挥太阳升起，直到太阳西沉才回家。

炎帝不在家时，女娃便独自玩耍，她很想让父亲带她到东海太阳升起的地方去看一看。可是父亲忙于公事，总是不带她去。一天，女娃一个人驾着一只小船向东海太阳升起的地方划去。不幸的是，海上起了风暴，海浪把小船打翻了，女娃被无情的大海吞没了。

女娃死了，她的灵魂化作了一只小鸟，花脑袋，白嘴壳，红脚爪，发出"精卫、精卫"的悲鸣，所以，人们又叫此鸟为"精卫"。

  精卫痛恨无情的大海夺去了自己年轻的生命,她要报仇雪恨。因此,她一刻不停地从她住的发鸠山上衔来一粒粒小石子,或是一段段小树枝投进东海,想把大海填平。

  大海奔腾着,咆哮着,嘲笑她:"小鸟,算了吧,你这工作就是干100万年,也休想把我填平,还是省点力气吧!"

  精卫意志坚定地答复大海:"哪怕是干上1000万年,10000万年,干到宇宙的尽头,世界的末日,我也要把你填平!"

  这虽然是个传说,但是精卫填海的精神对于青少年来说应该是一个很大的激励。它那种锲而不舍、永远进取、永不言败的精神难道不使我们为之震撼吗?

面对逆境，如果选择了放弃，也就选择了失败。在人生的旅途中，一些人虽然也曾经努力过，但还是以失败告终。这是因为在前进的路途中他们遭遇了困难，他们厌倦了漫长得看起来没有尽头的征途，于是他们停下来，寻找一个港湾，在那儿躲避风浪。

没有什么比半途而废和丧失希望对未来的威胁更大。放弃和丧失希望不仅不能解决现实存在的问题，而且还会让我们在未来陷入更大的困境。

青少年该如何培养自己的进取心呢？

首先，要做一个积极行动的人。当你认为有某一件事情应该要做的时候，就主动去做。

其次，要有出类拔萃的愿望。有时候，我们想提出某一建议，但没有提出来。为什么？因为我们担心、害怕。不是担心我们不能完成那项工作，而是担心别人会说三道四，害怕别人讽刺挖苦。这些担心和害怕使许多人失去了勇气，他们因此望而却步。

只要你勇敢地站出来，你就会受到人们的注意。更重要的是，你显示出了你的能力和抱负。还能有什么比这更让人欣喜呢？

最后，要磨炼自己坚忍的意志。

3 适应环境的能力
——物竞天择，适者生存

哈佛告诉你

青少年应该从小就培养自己极强的适应能力，以变应变，战胜种种险境危情，展示人生的本色。若能在美丽中欣赏美丽，在痛苦中觉醒痛苦，在烦恼中摆脱烦恼，在悲伤中超越悲伤，适应生命历程中的每个片段、每个章节，相信没有逾越不了的困难！

适应能力让你独领风骚

卓越的人的第一大优点是：在不利和艰难的遭遇里百折不挠。

——贝多芬

生物界有一种法则：物竞天择，适者生存。人类社会更是逃脱不了适应环境这一关。这是一个变化的时代，它要求每个人尽可能地紧跟时代节拍，以变应变，寻找出路，不然就会被淘汰。

曾国藩的成功无人不晓,而他的成功与成名主要就取决于他灵活的"三变"。"其书字初学柳公权,中年学黄山谷,晚年学李黄海,而参以刘石,故挺健之中,愈饶妩媚。"这是说习字的三变。

"其学问初为翰林辞赋,即与唐镜海太常游,究心儒先语录,后又为六书之学,博览乾嘉训诂诸书,而不以宋人注经为然。在京为官时以程朱为依归,至出而办理团练军务,又变而为申韩。尝自欲著《挺经》,言其刚也。"这是说学问上的三变。

曾国藩的同乡好友欧阳北熊也认为,曾国藩的思想一生有三变。早年在京城时信奉儒家,治理湘军、镇压太平天国时采用法家,晚年功成名就后则转向了老庄的道家。这个说法大体上描绘了曾国藩一生3个时期的重要思想特点。

曾国藩的儒家思想,形成于他在京做官时。他用程朱理学这块门砖敲开了做官的大门之后,并没有把它丢在一边,而是对它进行深入研讨,同时又得益于唐鉴、倭仁等理学大师的指点,这使他在理学素养上更是有了巨大的飞跃。他不仅对理学证纲名教和封建统治秩序的一整套伦理哲学,如性、命、理、诚、格物致知等概念,有深入的认识和理解,而且还进行了理学所重视的修身养性。这种修身养性在儒家是一种"内圣"的功夫,通过这种克己的"内圣"功夫,最终达到治国平天下的目的。他还发挥了儒家的"外王"之道,主张经世致用。

为了镇压太平天国起义,曾国藩被任命回到湖南组建湘军。在对待起义军和管理湘军的问题上,他的一系列主张和措施表现

了他对法家严刑峻法思想的极力推崇。他提出要"纯用重典",认为非采取烈火般的手段不能为治。而且,他还向朝廷表示,即使由此而得残忍严酷之名,也在所不惜。他确实也是这样做的,他设立审案局,对所捕农民严刑拷打,任意杀戮。他还规定,不纳粮者,一经抓获,就地正法。在他看来,儒家的"中庸"之道,在战争与治军上是行不通的。

曾国藩在为官方面,恪守的却是"清静无为"的老庄思想。他常表示,于名利之外,需存退让之心。在太平天国败局已定,即将大功告成之时,他的这种思想愈加强烈,一种兔死狗烹的危机感时常萦绕在他的心头。他写信给弟弟说,自古以来,权高名重之人没有几个能有善终,而要将权力推让几成,才能保持晚节。攻陷南京之后,曾国藩便立即遣散湘军,并做功成身退的打算,以免除清政府的疑忌,这不失为明哲保身的高招。

正是曾国藩的"三变"铸就了他一生的辉煌。顺势而行,灵活地适应环境、适应变化,既无须碰壁还走了捷径,这何乐而不为!

所以,青少年应该努力培养自己的灵活适应能力,不妨从以下几方面做起。

1. 正确分析环境

内因是变化的本质,外因是变化的条件。客观的环境是首要的、基础的条件,是一切生存活动得以开展的前提。所以说,正确地分析环境对适应生存至关重要。

青少年应当在实践中不断提高自己对环境的判断能力,学会在繁杂的外界环境中分辨以及规避伤害,更精确、更有效地把握现实环境中有利于自己生存发展的信息;更善于抓住复杂事物的关键,认识事物的本质。那么,就会拥有更强的适应能力,更能把握生存的自由。

2. 要学会在陌生的环境中保持微笑

我们在工作、学习和生活中难免会接触或置身于陌生的环境,在陌生的环境里,人人都习惯板起一张面孔,保护着原本脆弱的尊严,以免受到来自外界的侵犯和伤害。

结果,一段时间以后,情况并没有改善,陌生的环境照例还是陌生的。我们所担心的那种"危险"依旧潜伏在周围,而我们自己却已经感到疲惫不堪了。

其实,如果我们换一副表情,而尝试着以微笑来面对陌生的一切,会不会更好些呢?

微笑是人类最迷人的一种表情，是社会生活中美好而无声的语言，它来源于心地的善良、宽容和无私，表现的是一种坦荡和大度。

微笑是成功者的自信，是失败者的坚强；微笑是人际关系的黏合剂，也是化敌为友的一剂良方。微笑是对别人的尊重，也是对爱心和诚心的一种礼赞。

学会在陌生的环境里微笑，也就学会了怎样在你和陌生人之间架一座友谊之桥，也就掌握了一把开启陌生人心扉的金钥匙，也就取得了赢得成功的多方赞助！

3. 主动调整自己的行为

任何环境中都存在着有利于个人成长的积极因素和不利于个人成长的消极因素。积极的适应就是要正确地分析自身的特点及环境的特点，从对这二者的分析中找到自己的生长点，从而主动调整自己的行为。

天下谁能不走弯路？哪个没有遇到过困难？青少年朋友只有在客观环境中积极主动地调整自己与环境的不适应行为，增强自己在环境中的主动性、积极性，才能使自身得到发展。

引爆机智，以变应变才有机会

智慧充斥着海洋和大地的纵深处，使我们的思维直冲霄汉，穿过茫茫宇宙给我们指明道路。

——洛克

一个人在遇到新出现的问题时，总是容易用过去处理问题时的方式或经验来对待和解决新的问题。如果在一切条件未发生变化的情况下，运用已有的经验和方法会使问题得到迅速解决；但是如果在条件已经发生变化的情况下，仍然照搬过去的老办法，固执己见，以固定的模式去应付多变的生活和学习，就会走许多弯路，使问题不能很好地解决。

所以，我们必须尽可能地发挥自己的聪明才智，把眼前的一切变化征服。那么该如何以变应变呢？

1. 因势而行

所谓势，就是那些促成某件事成功的各种外部条件同时具备，即恰逢其时、恰好合一，好的机会集合而成的某种大趋势。

具体说来，这种"势"也就是由人、事等因素交互作用形成的一种可以助成"毕事功于一役"的合力。

这里的"人"是指具体做事的人，一件事不同的人会做出不同的效果，即使能力不相上下的两个人，这个人做得成的某件事，另一个人却不一定能做成。这里的"事"是指具体将做之事，一定的时机做一定的事情，同样的事情此时该做亦可做，彼时也许不可做亦不该做。可做则一做即成，不可做则绝无做成之望。

2. 因事而行

事情有难易之分，有大小之别。有的事情和自己的切身利益紧密相连就一定要去做，有的事情和自己关系不大则可做可不做。如果你对自己即将要做的事情无法做到，就不要打肿脸充胖子；如果你对自己即将要办的事情把握不大，就要小心谨慎，亦步亦趋；如果你觉得自己即将要做的事情可以做到，就要义无反顾地去做。因事而变，才能做好事情。

因事而行要注意两点：

第一，权衡利弊。人无远虑，必有近忧。聪明人做事，在注意其利益的同时，也不忽视与之相伴的危害。他们往往能兼顾利害得失。在这点上，我们不妨吸取古人的经验和教训。

第二，顾全大局。要做到顾全大局，就必须临危不乱，关键时刻不能患得患失于小利小益，要善于分清眼前利益，能够舍卒保车，为了更大、更长远的利益舍弃眼前的利益。在相对小的利益面前装糊涂、不动心，是每一位渴望成功的人所必备的素质。

3. 因境而行

做事必须随各种环境的不同而随时调整自己的做事策略，改变做事的手段和技巧。这里所说的环境，包括社会环境、地理区域环境、学术环境、人际环境等。做事因环境而变，才会成功。

4. 因人而行

我们在做事时应注意因人而异、视人而变，切不可不分场合，不顾人物性格，没有分寸地为所欲为，也不可在任何情况下总以同一方式"以不变应万变"。用固定招数对待每一个人，这样吃亏的是你，失败的是你。

青少年朋友一定要充分引爆自己的聪明才智，用一双善于观察的眼睛，关注所有的变化，在变化发生时，做出敏捷正确的反应。应对了变化，你才可能抓住每次好的机会去发展自己。

学会自我调整,锻造自身承受力

> 人在身处逆境时,适应环境的能力实在惊人。人可以忍受不幸,也可以战胜不幸,因为人有着惊人的潜力,只要立志发挥它,就一定能渡过难关。
>
> ——卡耐基

别林斯基说:"承受是一所最好的大学。"

培根说:"奇迹多是在忍耐中出现的。"

梁启超说:"艰难困苦是磨炼人格之最高学校。"

歌德说:"每个人都以为这个世界仅仅是随他而开始,万物万事仅仅是为他而生存。"

正是这个信念,让我们产生了对生活的无限追求,在追求的过程中自然要应付各种变化。这里面,有通过努力能够解决的,也有暂时解决不了的。在个人无法抗拒的困难面前,承受能力就显得更重要。

如果把什么事都设想得一帆风顺,期望事事称心如意,对生活中可能产生的困难和问题毫无思想准备,一旦遭受挫折就会难以承受。

相反,一个阅历曲折、饱经风霜的人,在生活中受过多种波折和风险的磨炼,积累了同逆境搏斗的经验,一旦再遇到挫折,就能够比较冷静地分析产生挫折的原因,比较容易找到摆脱困境的捷径。

1864年9月3日这天,平静的斯德哥尔摩市郊,突然爆发出一声震耳欲聋的巨响，滚滚的浓烟霎时冲上天空，一股股火焰直往上蹿。原来屹立在这里的一座工厂只剩下残垣断壁，火场旁边站着一位30多岁的年轻人……

这个死里逃生的年轻人，就是后来闻名于世的弗莱德·诺贝尔。诺贝尔眼睁睁地看着自己所创建的硝化甘油炸药实验工厂化为了灰烬。然而，诺贝尔在失败面前却没有动摇。

事情发生后，警察局立即封锁了爆炸现场，并严禁诺贝尔重建自己的工厂。人们像躲避瘟神一样地避开他，再也没有人愿意出租土地让他进行如此危险的实验。但是，困境并没有使诺贝尔退缩，功夫不负有心人，他终于发明了雷管。雷管的发明是爆炸学上的一项重大突破，随着当时欧洲许多国家工业化进程的加快，开矿山、修铁路、凿隧道、挖运河等都需要炸药。于是，人们又开始接纳诺贝尔了。

强大的承受能力和矢志不渝的恒心最终激发了他心中的潜能，他最终征服了炸药，吓退了死神。诺贝尔赢得了巨大的成功，他一生共获专利发明权355项。他用自己的巨额财富创立的诺贝尔奖，被国际学术界视为一种崇高的荣誉。

诺贝尔的成功经历告诉我们：在遭遇变化尤其是挫折的时候，学会调整自我，培养承受能力至关重要。否则，你输给的不是别人而是你自己。

青少年如何培养自身承受能力，以便更好地适应变化呢？

生活中的变化是难免的。俗话说："天有不测风云，人有旦夕祸福。"

　　人生会有各种各样的坎坷，事业也不会总是一帆风顺。纵观古今，许多成就大业的人，无一不是从逆境和坎坷中磨砺过来的。"宝剑锋从磨砺出，梅花香自苦寒来"。人类的文明，就是在不断的挫折与失败中获得进步的。

　　变化也不一定是坏事。事业遭挫会给人以打击，带来损失和痛苦，但也使人奋起、成熟，从中得到锻炼。"自古雄才多磨难，从来纨绔少伟男。"巴尔扎克也说："世界上的事情永远不是绝对的，结果完全因人而异。苦难对于天才是一块垫脚石，对于能干的人是一笔财富，对弱者是一个万丈深渊。"

成就事业的过程往往也就是征服挫折的过程。强者之所以为强者，不在于他们遇到挫折时根本没有消沉和软弱过，而恰恰在于他们善于克服自己的消沉与软弱。

世界上的一切事物都是在不断变化和发展着的，都具有两重性。逆境可以向顺境转化，顺境同样也可以转化为逆境。挫折可以使人沉沦，也可以使人猛醒和奋起。关键在于遇到挫折的时候，在失意中，能否从失败中吸取经验，能否发现自己好的一面、自己的优点和长处，从而振作精神，重新站立起来。当你在失望和沮丧中看到了自己的另一面，你就会突然发觉，天空原来是那么辽阔，阳光原来是那样明媚，自己并不是一无是处，从而失望沮丧振作奋起鼓起战胜挫折的勇气和信心，提高对挫折的适应能力。

培养良好习惯的能力
——活出一种境界

哈佛告诉你

习惯看不见也摸不着,一旦形成就会成为一种无形的巨大力量,影响着人们的思想和行为。一个好习惯的力量,可以给你无限的动力,使你走向好的命运。反之,一个坏的习惯如果一直蔓延,将会影响你进步,在许多情况下,是你失败的根源。

习惯的力量

习惯的力量如此巨大,这恐怕早已是众所周知的事情了。

——查尔斯·达尔文

习惯的力量是超乎想象的。1873年,美国发明家克利斯托弗发明了世界上第一台打字机,键盘完全是按照英文字母的顺序排列的。慢慢地,他发现打字的速度一旦加快,键槌就会很容易被卡住。他的弟弟给他出了一个主意，建议他把常用字的键符分开布局，这样每次击键的时候，就不会因为连续击打同一块区域而卡死。经过这样不规则的排列后，卡键的次数果然大大减少，但同时打字速度也减慢了。但在推销打字机的时候，在利益的驱动下，克利斯托弗却对客户说，这样的排列可以大大提高打字速度，结果所有人都相信了他的说法。现在，人们已经习惯了这样的键盘布局，并坚信这的确能提高打字速度。

国外一些数学家经过研究得出结论，目前的排列方式是最笨拙的一种，凭借目前的技术，已经解决了卡键问题，可现在出现第二种排列的键盘似乎不太可能，因为人们都习惯了。在习惯面前，科学有时也会变得束手无策。

说起来你可能不信，一根矮矮的柱子，一条细细的链子，竟能拴住一头重达千斤的大象，可这令人难以置信的景象在印度和泰国随处可见。原来那些驯象人在大象还很小的时候，就用一条铁链把它绑在柱子上。由于力量不足，无论小象怎样挣扎都无法摆脱锁链的束缚，于是小象渐渐地习惯了而不再挣扎，直到长成庞然大物。虽然长成的大象可以轻而易举地挣脱链子，但是它却选择了放弃挣扎，因为在它的惯性思维里，它仍然认为摆脱链子是永远不可能的。

小象是被实实在在的链子绑着，而大象则是被看不见的习惯绑着。

可见，习惯虽小，却影响深远。习惯对我们的生活有相当大的影响力，因为它是一贯的。在不知不觉中，它经年累月影响着我们的品德，暴露出我们的本性，左右着我们的成败。看看我们自己，看看我们周围，好习惯造就了多少辉煌成果，而坏习惯又毁掉了多少美好的人生！习惯一旦形成，就极具稳定性。生理上的习惯左右着我们的行为方式，决定我们的生活起居；心理上的习惯左右着我们的思维方式，决定我们的待人接物。当我们的命运面临抉择时，是习惯帮我们做出了决定。

富兰克林在他27岁的时候就为自己写下了13条生命中必须具备的美德作为座右铭。每天，他都拿出一条来评价自己的行为，而且一星期连续7天都力行同一条美德。13条美德分别在13周内完成一个轮回，就这样日复一日，他扎扎实实执行了四五十年。在77岁的时候，富兰克林回顾一生，认为在57岁时就与自己列的美德比较接近了。

富兰克林真正智慧的地方不是他的13条美德，而是他意识到良好习惯的养成绝非一朝一夕，只要将人生美德或者人生方向变成习惯性的动作就会成为自己理想中的成功之人。舞蹈皇后杨丽萍，从小喜欢舞蹈，每次在学习舞蹈动作之后都要求自己重复练习10次以上。日复一日，年复一年，这种习惯伴随她10年，10年之后她成功了。

美国NBA篮球巨星迈克尔·乔丹，连续7年每天坚持练习500次投篮基本动作，这种习惯使他成为空中飞人。

习惯的力量是巨大的，它可以左右一个人的命运和成败。因此，青少年千万不能忽视习惯的力量，在平常的生活与学习中要积极主动地养成良好的习惯。

良好的习惯让你事半功倍

习惯真是一种顽强而巨大的力量,它可以主宰人生。因此,自幼就应该通过完美的教育,去建立一种好的习惯。

——培根

所谓的"习惯",就是人和动物对于某种刺激的"固定性反应",这是相同的场合和反应反复出现的结果。例如,如果一个人反复练习饭前洗手的话,那么这个行为就会融合到他更为广泛的行为中去,成为"爱清洁"的习惯。

习惯是某种刺激反复出现,个体对之做出固定性反应,久而久之,形成了类似于条件反射的某种规律性活动。它包括生理和心理两方面,即能够直接观察及测量的外显活动和间接推知的内在心路历程——意识及潜意识历程。而且,心理上的习惯,即思维定式一旦形成,则更具持久性和稳定性,在更广泛的基础上,就成了性格特征。

所以,习惯虽小,却影响深远。你可以遍数名载史册的成功人士,哪一个没有几个可圈可点的习惯在影响着他们的人生轨迹呢?当然,习惯人人都有,我们的惰性和惯性会使我们不止一次地重复某些事情,而经常反复地做也就成了习惯,比如,爱笑的习惯、吝啬的习惯,甚至于饭前洗手的习惯,等等。习惯有大有小,有好有坏,林林总总。

这,就是习惯!

孔子在《论语》中提到:"性相近,习相远也。""少小若无性,习惯成自然。"意思是说,人的本性是很接近的,但由于习惯不同便相去甚远;小时候培养的品格就像是天生就有的,长期养成的习惯就好像完全出于自然。

成功是从良好的习惯开始的,习惯成自然,从小养成的习惯可以比较轻松、毫不费力地做到。

如果有条有理是一种成功的话,那么,只要养成物归原位的习惯,成功就会自然水到渠成。

良好的生活习惯是一个人做人、做事、做学问的根本。它能使我们向着目标,脚踏实地地奋进;它能让我们奋力前行,不偏离轨道;它能让我们享受生活的情趣与成功时的自豪。但良好习惯的培养需要从生活的点点滴滴开始。

习惯是行为的自动化,不需要特别的意志努力,不需要别人的监控,在什么情况下就按什么规则去行动。习惯一旦养成,就会成为支配人生的一种力量,甚至可以主宰人的一生。

习惯决定性格,性格决定命运。青少年中的"小马虎"很多,视规则为儿戏的行为比比皆是。但如果我们严格地遵循规则,养成良好的习惯,就可以塑造优良的性格。

青少年朋友如何培养良好的生活习惯?应注意以下几点。

1. 要有信心

培养好习惯,首先要有信心。我们常说万事开头难,一个好习惯的养成,必然会冲击相应的旧习惯,而旧习惯不会轻易退出,它要顽抗,做垂死挣扎。另外,我们的机体、心灵也需要时间从一种状态过渡到另一种状态，需要一个适应过程。从记忆的角度讲，也需要不断复习新建立的好习惯，要强化它。所以，刚开始时要准备吃点苦，要下功夫，要特别认真。

2. 从小养成好的行为规范和标准

有些青少年见了好吃的东西随便吃，见了好玩的东西随便拿，看完的书随便放……要想改变这种状态需要花一定的时间，要有意识地训练自己，从小就要以一种好的行为规范约束自己。

3. 创造机会培养好习惯

良好的生活习惯是在反复实践中养成的。因此，我们要尽量创造一些机会，在实践中奉行。

4. 切忌"虎头蛇尾"

培养好的生活习惯不是一朝一夕的事情，改掉一个坏的生活习惯也不是简单的事，必须付出长期的努力。因此，我们要有韧性，不能试验了一段时间后，发现没有什么效果就半途而废，这样，今后再培养起习惯来会更加困难。

与成功牵手的 5 种习惯

会成为什么样的人，全看重复做什么样的事。

——亚里士多德

成功与失败最大的分野来自不同的习惯。好习惯可以为一个人带来成功，坏习惯则是一扇通往失败的大门。青少年要想成为杰出的人士，就要让自身养成良好的习惯。

习惯1：忠诚于自己的人生计划

"以终为始"是实现自我领导的原则。这将确保自己的行为与目标保持一致，并不受其他人或外界环境的影响。我们将这个书面计划称之为"使命宣言"。任何一个存在的社会组织都需要"使命宣言"，任何一个企业或个人也不例外。"使命宣言"需要阶段性的评估以及持续修正和改良，确立目标后全力以赴，就是我们所说的在正确的时间做正确的事，并把事情做对。

习惯2：做最重要的事情

每个人的时间都是有限的，所以要做重要的事，即你觉得有价值并对你的生命价值、最高目标具有贡献的事情；要少做紧急的事，也就是你或别人认为需要立刻解决的事。消防队的最大贡献应是做好防火工作，而不只是忙于到处救火。因此，"要事第一"是自我管理的原则。成功的人只会有少量非常重要且需立即处理的紧急、危机事件，他们将工作焦点放在重要但不紧急的事情上，来保持效益与效率的平衡。"有效管理"是把最重要的事放在第一位的重点管理。

习惯3：远离钩心斗角

懂得利人利己的人，把生活看作一个合作的舞台，而不是角斗场。一般人遇事多用两分法：非强即弱，非胜即败。其实，世界给了每个人足够的立足空间，他人之得并非自己之失。因此，"双赢思维"成为人们运用于人际交往的原则。树立双赢思维就是要在人际交往中不断寻求互利，以达成双方都满意并致力于合作的协议计划。利人利己观念的形成是以诚信、成熟、豁达的品格为基础的。豁达的胸襟源于个人崇高的价值观与自信的安全感，所以不怕与人共名声、共财势，从而肯尝试无限的可能性，充分发挥创造力和宽广的选择空间。

习惯4：学会换位思考

与人沟通时，我们常犯不分青红皂白、妄下断语的毛病。因此必须强调："了解他人"与"表达自我"是人际沟通不可缺少的要素。首先要了解对方，然后争取让对方了解自己，才是进行有效人际交流的关键，要改变匆匆忙忙去建议或解决问题的倾向。要培养设身处地地"换位"沟通习惯。欲求别人的理解，首先要理解对方。有效地倾听不仅可以获取广泛的准确信息，还有助于双方情感的积累。

习惯5：身心平衡的生活

人生最值得投资的就是磨炼自己。生活与工作都要靠自己，因此自己是最值得珍爱的财富。工作本身并不能给人带来经济上的安全感，而具备良好的思考、学习、创造与适应能力，才能使自己立于不败之地；拥有财富，并不代表有永远的经济保障，拥有创造财富的能力才真正可靠。身心和意志是我们达到目标的基础，所以有规律地锻炼身心将使我们能接受更大的挑战，静思内省将使人的直觉变得越来越敏感。当我们平衡地在这两方面改善时，则加强了所有习惯的效能。这样我们将成长、变化，并最终走向成功。

5 挖掘潜在的能力
——掌控人生的暗码

哈佛告诉你

尽管我们每个人都渴望成功,但真能成功的,却只有那些怀着核心意志或意志坚强的人。只有那些积极的、有建设与创造本领的人,才可能产生强有力的核心意志。

青少年朋友,只要你怀着一种披荆斩棘、破釜沉舟、不达目的不罢休的坚强意志,你就会从中获得巨大的能量。

有限的生命,无限的潜能

在青春的世界里,砂粒要变成珍珠,石头要化作黄金。

——郭小川

人类的大脑是世界上最复杂也是效率最高的信息处理系统。别看它的重量只有 1 400 克左右,其中却包含着 100 多亿个神经元，在这些神经元的周围还有1 000多亿个胶质细胞。人脑的存储量大得惊人，在从出生到终老的漫长岁月中，我们的大脑能以每秒钟1 000个信息单位的速率储存信息。

　　人脑不同于机器，使用久了不但不会有磨损，而是越用越好用。就像有的人学外语，一旦掌握了一两门外语，再学另外一门外语就会容易许多。人的一生中，仅仅运用了大脑能力的十分之一；也就是说，还有十分之九的大脑潜能白白浪费了。而最新研究更进一步指出，以前人们对大脑的潜能估计太低，我们根本没有运用大脑能力的十分之一，甚至连百分之一也不到。因而成功学大师安东尼·罗宾毫不夸张地说，人脑的潜能几乎是无穷无尽的。

　　人的潜能不仅仅表现在大脑上，而且人的体力也存在着惊人的潜能。不管环境有怎样的限定，也没有无法解决的问题。对于强者来说，任何事情都不会太难。

　　在每个人的身体里面，都潜伏着巨大的力量。这些力量，只要你能够发现并加以利用，便可以帮你成就你所向往的一切东西。

　　人体内的亿万细胞中，有着巨大的潜在力量。

　　在法国一个野外的军用飞机场上，一位名叫史泰伦的飞行员正在专心致志地用自来水枪清洗战斗机。突然，他感到有人用手拍了一下他的后背。回头一看，他吓得大叫一声，拍他的哪里是人，而是一只硕大的猩猩正举着两只前爪站在他的背后！史泰伦急中生智，迅速把自来水枪转向猩猩。也许是用力太猛，在这万分危急的时刻，自来水枪竟从手上滑了下来，而猩猩已朝他扑了过来……他闭上双眼，用尽吃奶的力气纵身一跃，跳上了机翼，然后大声呼救。警戒哨里的哨兵听见了呼救声，急忙端着冲锋枪跑了出来，2分钟后，猩猩被击毙了。

事后，许多人都大惑不解：机翼离地面最起码有 2.5 米的高度，史泰伦在没有助跑的情况下居然跳了上去，这可能吗？如果真是这样，史泰伦不必再当飞行员了，而应当成为一名跳高运动员，去创造世界纪录。

然而，事实确实如此。

后来，史泰伦做了无数次试验，再也没能跳上机翼。

事实表明，人在绝境或遇险的时候，往往会发挥出不寻常的能力。人没有选择的时候，就会产生一股爆发力，这种爆发力即潜能。人的潜能是多方面的：体能、智能、实践经验、情绪反应，等等。然而，由于环境的限制，人只发挥了其十分之一的潜能。

人的潜能得到很好开发的还有一个典型的例子：

爱迪生小时候曾被学校教师认为愚笨而失去了在正规学校受

教育的机会。可是，他在母亲的帮助下，经过独特的心脑潜能的开发，成为世界上最著名的发明大王，一生完成2000多种发明创造。他在留声机、电灯、电话、有声电影等许多项目上进行了开创性的发明，从根本上改善了人类的生活质量。

青少年朋友，不要埋怨自己天赋差了，相信自己的潜能吧！如果你们能深入到自己内在力量的深处，那么就可以寻得生命的源泉，这种源泉是取之不尽、用之不竭的。

从意识上肯定自己

如果你真的相信自己，并且深信自己一定能达到梦想，你就真的能够步入坦途，而别人也会更需要你。

——戴尔

人们总以为很了解自己，对自己了如指掌，其实，别看你很珍惜自己，很有可能你一辈子也没有真正认识、肯定过自己。一个人若想有一番成就，最好的选择就是及早地认识、肯定自己，然后扬长避短，努力开发自己的个性潜能。

青少年朋友应该向美国第3任总统托马斯·杰弗逊学习，他的丰功伟绩，令人几乎难以置信。他对自己的能力具有超凡的信心。他在两任总统的任期中，完成了著名的路易斯安那购买案，许多历史学家称之为美国历史上最卓越的交易。当然，在此之前，他还完成了名垂青史的《独立宣言》草案。

作为一位政治家，杰弗逊的其他成就也多得不胜枚举。美国历史上，没有几个政治家能够与他相比。

杰弗逊令人叹为观止的能力，源自他能够将创造力充分地运用于各种领域。他是美国哲学协会的主席、弗吉尼亚大学的创办人，他还支持了首次的美国科学探险。他也是第一流的建筑师，替自己和朋友们设计房屋蓝图。

当然，并不是说你若无法达到杰弗逊这种不朽的成就，就算是失败。但是你应该竭尽所能，挖掘自己的潜能。不论你具有哪一种能力，都应该善加利用，将它充分发挥出来。

英国著名的评论家海斯利特曾说："低估自己者，必为别人所低估。"

体育界盛行一句话："不用，就会失去。"肌肉如果不运用，就会萎缩，而这种萎缩程度之大，足可以伤害到身体。如果我们不去唤醒自己的潜在能力（这种潜在能力包括能力源），这些能力也会转化成自我毁灭的渠道。如果你不断地挖掘你的潜能，你的一生都会充满令人激动的探险。为了充分挖掘自身的潜力，我们首先应该认识它们。

如果我们把自己的境况归咎于他人或环境，就等于把自己的命运交给了冥冥之主。如果我们始终对自己说"我能行"，意识上多肯定自己，我们也许就会无所不能。

每个人多多少少都有些顾虑心理，因为每个人都害怕失败，可是不经历风雨怎么见彩虹呢？罗斯福在意识上充分肯定了自己，排除了所谓的障碍，不也功成名就吗？

青少年朋友，相信自己的潜力吧！当你善待自己潜能的时候，你就会笑傲人生，迈向成功！

一个人只有具备积极的自我意识，才会知道自己是个什么样的人，并知道能够成为什么样的人。因而才能积极地开发和利用自己身上的巨大潜能，干出非凡的事业来。罗斯福曾说过："杰出的人不是那些天赋很高的人，而是那些把自己的才能尽可能发挥到最高限度的人。"

有些人之所以很难发挥自身的潜力，是因为他被许多繁文缛节所束缚，被太多的"应该怎么做"和"不应该怎么做"捆住了手脚。其实，各种所谓的"应该"标准必然给人造成精神压力，越是努力遵照这些"应该"标准行事，所受到的压力也就

越大。

青少年朋友应该生活在现实里，不要将所有的规矩都视为是普遍适用的，必须认识到，任何标准都仅仅适用于某一特定环境。

想象自己能够成功，用积极的动机推动行为的发展，通过不懈的努力，你就能达到目标。正如海伦·凯勒所说的那样："当你感到有一种力量推动你翱翔的时候，你是不应该爬行的。"

进行有效自我暗示

聪明的人只要能认识自己，便什么也不会失去。

——尼采

暗示有着不可抗拒和不可思议的巨大力量。心理学家普拉诺夫认为，暗示的结果使人的心境、兴趣、情绪、爱好、心愿等方面发生变化，从而又使人的某些生理功能、健康状况、工作能力发生变化。暗示是影响潜意识的一种最有效的方式。它超出人们自身的控制能力，指导着人们的心理、行为。暗示往往会使别人不自觉地按照一定的方式行动，或者不假思索地接受一定的意见和信念。

暗示有正面暗示与反面暗示两种。

人因悲伤而哭泣，但往往也因哭泣而悲伤，世界上有许多因不安、自卑感而苦恼的人，他们总以为自己对任何事都无能为力。这显然是陷入了消极自我暗示的陷阱中。自我暗示的正面作用，是训练我们如何增进自信心，如何能由失败中体验成功，又如何克服恶劣的情绪，等等。自我暗示能使人把面粉当药剂治好了病，也能使人把药水当毒液喝而送了命。自我暗示如何正确使用，乃是人生历程中不可避免，且必须弄透彻的一门学问。

拿破仑·希尔给我们提供了一个自我暗示公式，他提醒渴望成功的人们，要不断对自己说：在每一天，在我的生命里面，我都有进步。暗示是在无对抗的情况下，通过议论、行动、表情、服饰或环境气氛，对人的心理和行为产生影响，使其接受有暗示作用的观点、意见或按暗示的方向去行动。

对此，拿破仑·希尔补充："自我暗示是意识与潜意识之间互相沟通的桥梁。"通过自我暗示，可以使意识中最具力量的意念转化到潜意识里，成为潜意识的一部分。也就是说，我们可以通过有意识的自我暗示，将有益于成功的积极思想和感觉，洒到潜意识的土壤里，并在成功过程中减少因考虑不周和疏忽大意等招致的破坏性后果，全力拼搏，不达到目标不罢休。所以，通过想象不断地进行自我暗示，很可能会成就一个杰出者。

有一个体弱的富翁和一个健康的穷汉，两人互相羡慕对方。富翁为了得到健康，乐意出让他的财富；穷汉为了成为富翁，愿意随时舍弃健康。

富翁请了一位世界著名的外科医生给他俩做换脑手术。结果，富翁会变穷，但能得到健康的身体；穷汉会富有，但将会病魔缠身。

手术成功了，穷汉成为富翁，富翁变成了穷汉。不久，成为穷汉的富翁由于有强健的体魄，又有着成功的意识，渐渐地又有了很多财富。可同时，他总是担忧着自己的健康，一感到有些不舒服便大惊小怪。由于他总是那样担惊受怕，久而久之，他那极好的身体又回到原来那体弱的状态。

那位由穷汉变成富翁的人呢？他有了钱，身体孱弱。虽然他不会理财，把钱浪费在无用的投资里，但他日子却过得无忧无虑。他整天能吃能喝，有说有笑，常常忘记自己孱弱的身体。钱不久便挥霍殆尽，他又变成了原来的穷汉。然而，由于他无忧无虑，换脑时带来的疾病也不知不觉消失了，他又像以前那样有了一副健康的身子骨。

最后，两人都回到了原来的模样。

富翁和穷汉为什么又回到原来的样子呢？这就是他们自己的心理暗示起了重大作用的结果。

所以，积极健康的暗示能把我们引向美好的"天堂"，而消极有害的暗示却只能把我们拖进可怕的"地狱"。绝大部分人并不明白或没有意识到在我们的一生中，暗示都在悄悄地起着作用，并且对我们的人生产生巨大的影响。

青少年朋友，学会积极的自我暗示，它会让你受益终生！因为它能把"放弃、不可能、办不到、没法子、有问题、行不通、没希望……"这类自我否定的字眼从自己的字典里彻底丢掉，让"我能行、我能赢、我是最杰出的"这类字眼紧随在你身边！

学会积极的自我暗示，时刻不忘"精神充电"、培养自己的"一流"心态，相信自己，你一定会成为栋梁之材的！

开发潜能有渠道

只要人活着,他的前途就永远取决于自己。

——雅斯贝尔斯

人的潜能如何开发呢?

简单说来,就是充分发挥、运用自己的才能,使之不断得以提高,达到较高水准。德国著名作曲家、音乐批评家罗伯特·舒曼曾经讲过:"一磅铁只值几文钱,可是经过了锤炼就可制成几千根钟表发条,价值百万。"舒曼劝告人们说:"要好好利用天赋给予你的'一磅铁'。"从舒曼的话里,我们可以得到这样的启示:人的天赋,相差是不大的,有的人之所以能够成长为能力较强的人才,是因为他"经过了开发"。开发的工夫下得越深,就是潜能发挥的工作做得越好。铁可百炼成钢,人可百炼成才。

潜能的开发是需要一定的修炼的!

我们先来了解一下人的潜能表现在哪些方面,这样才能对症下药。

1. 下意识

当听别人讲话时,我们同时也注意到了周围的嘈杂声音。我们所感觉到的信息,只是我们感受到的无数信息的很小一部分。

2. 预感

你也许会记得你的童年曾有如此体会:你的父母走进屋子,一言未发,然而你已预感到他们将说什么,将会发生什么事情。

这种感觉的能力到我们成年后就逐渐减弱了。童年时，对于父母所做的种种暗示，我们更容易心领神会。当然，这种感觉能力在成年期能够再度获得。

3. 控制自主神经系统

以前人们被告知他们不能控制自主神经系统，然而最近通过对生物反馈系统的研究，人们发现心律、血压、消化器官的运动和脑电波都可以受到人为的控制。这个结论所包含的意思似乎有点荒诞不经，然而科学家们断言：终有一天，我们会发现人体有能力使自身再生。人体内部的大千世界还急需人们去探索。

4. 不可思议的脑力活动

1964年，苏联的报纸《苏联今日生活》曾这样写道：

"人类学、心理学、逻辑学、生理学的一系列最新成果证明人类的潜在能力是巨大的。当代科学使我们懂得人的大脑结构和工作情况，大脑的储存能力使我们目瞪口呆。"

"在正常情况下工作的人，一般只使用了其思维能力中很小的一部分。如果我们能迫使我们的大脑达到其一半的工作能力，我们就可以轻而易举地学会40种语言，将一本苏联大百科全书背得滚瓜烂熟，还能够学完数十所大学的课程。"

5. 创造力

许多人都有惊人的创造力，如果你参加过创造能力训练的话，你的创造力就会比以前更旺盛。

6. 敏锐的感觉

在未开化的部落中，心理学家得到另一个人类潜在能力的例证。印第安人有着非常敏锐的意识，通过地上的鹿蹄印，他们就可以做出判断："此鹿离开已约有一个半小时。"并能说出这只鹿有多高、有多重等。一个巫医也许会指着万里无云、艳阳高照的天空对一位来访的人类学家说："用不了一个钟头，准有一场暴风雨。"人类学家对此浑然无觉，但巫医感觉敏锐，早已嗅出了暴风雨的蛛丝马迹。许多未开化部落的人常有异常发达的嗅觉，而我们之中的大多数人却由于长年生活在受污染的环境之中，丧失了这种能力。

7. 其他潜力

比如，精神潜力等。这些潜力人人都有，而往往被忽视。开发潜能的渠道可以分为两大类，一是感官刺激；二是自我努力。第一种包括以下三类：

1. 观想刺激

利用潜意识不分真假的原理，在大脑中引导出你所希望的成功场景，从而达到替换你潜意识中负面思想的目的。通过反复的观想暗示，改变自我意象，树立成功信念，并使自我产生积极的行动，达到预定的目标。

2. 听觉刺激

当你恐慌、害怕、缺乏自信时，大喊几声，就像举重、搏击时的喊叫一样，可以立即恢复力量。声音的力量影响你的信念，带来积极的行动。

3. 视觉刺激

在房间贴一张目标画，把自己的目标图贴在这个画上天天

看，可以天天刺激你的潜意识，实现你的梦想。第二种包括两类：

1. 自我承认

每当完成一项自己认为比较满意的工作，而很多时候不能得到社会的立即承认时，别人很少说："这工作干得不错！"或者朋友很少称道："好家伙，真了不起！"但我们自己却明白，我们完成了一项很不错的工作。因此，每当你完成一项任务，只要你自己认为它是出色的，你就应该承认它，作为赠给自己的一份美好的礼物，以此来激励自己继续努力。千万不要因为得不到别人的承认而泄气，因为那只能使你停止或减弱对自身潜力的挖掘，而这正是一个人走向失败的开始。

2. 勤于思考，敢于提问，保持求知的好奇心

社会上有许多风俗习惯，它们限制了不少人潜能的发挥。那么，在认识到它的束缚性的基础上，你就应当努力除去其中限制你发展的陈规陋习。在教育制度方面，那种扼杀了人们求知好奇心的"灌输法"，也存在明显的弊端。我们应当激发求知的好奇心，努力吸收新的经验，敢于挑战各种风险，从而把自身的潜力发掘出来，并使之与日俱增。

确立目标的能力
——定位人生，把握命运

哈佛告诉你

查斯特·菲尔德爵士指出："要做个有成就的人，必须知道自己想成就的是什么，否则就会像在太平洋中驾船却没有带指南针一样，一会儿东，一会儿西，随风飘荡，虚掷一生，却哪儿也没去成。"目标不是一个简单的称呼，人的一生要靠它领航。青少年阶段是人生的起步阶段，更应该重视目标的意义，因为有了目标就如航行有了罗盘。

目标，进取的动力

在理想的最美好的世界上，一切都是为最美好的目标而设的。

——伏尔泰

美国第四大个人电脑生产商迈克尔·戴尔29岁便成为富豪，

但他既不是靠继承巨额遗产，也不是靠中彩。

戴尔少年时期就勤奋好学，他在十来岁就开始了赚钱生涯——倒卖邮票。戴尔用赚来的2000美元买了一台电脑，然后把电脑拆开，仔细研究它的构造及运作，并多次安装成功。

中学时，戴尔找到了一份为报商征集新订户的工作。他推想，新婚的人最有可能成为订户，于是雇用别人为他抄录新近结婚的人的姓名和通信地址。他将这些资料输入电脑，向每一对新婚夫妻发出一封有私人签名的信，承诺赠阅报纸2周，一次就赚了1.8万美元。这样下来，他买了一辆宝马。汽车推销员看到这个17岁的年轻人竟然用现金付账，惊得直吐舌头。

到了大学期间，迈克尔·戴尔经常听到同学们想买电脑的言谈，但由于售价太高，许多人买不起。戴尔于是想："经销商的经营成本并不高，为什么要让他们赚那么高的利润？为什么不由制造商直接卖给用户呢？"戴尔知道，万国商用机器公司规定，经销商每月必须提取一定数额的个人电脑，而多数经销商都无法把货全部卖掉。他也知道，如果存货积压太多，经销商的损失会很大。于是，他按成本价购得经销商的存货，然后在宿舍里加装配件，改进性能。这些经过改良的电脑十分受欢迎。戴尔见到市场的需求量巨大，于是在当地刊登广告，以零售价的八五折推出他那些改装过的电脑。不久，许多商业机构、医疗诊所和律师事务所都成了他的顾客。

后来，在父母的允许下，戴尔拿出全部积蓄创办了戴尔电脑公司，当时他才19岁。如今的戴尔电脑公司可谓享誉全球，而戴

尔的个人财产,已达到数亿美元。

戴尔是杰出少年的楷模!

最伟大的成就在最初的时候只是一个梦想。也许,你现在的环境并不很好,但你只要有梦想并为之而奋斗,那么,你的环境就会改变,梦想就会实现。

有一位名叫莱特的主教与他的朋友一起吃饭。席间,主教认为耶稣很快会再度降临人间,原因是一切事物的本质都被发现,所有可能的发明都已实现。他的朋友不同意,他认为未来的50年中会有许多意想不到的发明,比如人类会飞上天。

莱特主教生气地说:"胡说八道!只有天使可以飞。"

这位主教有2个儿子,就是日后著名的莱特兄弟。他们与父亲完全不同,梦想有一天能飞上天空,后来他们果然把父亲认为"不可能"的事变成了现实。

成功者只看到他想要的目标,并不在乎自己是否具备足够的能力去达到目标。当他真正想要达到那个目标时,便会引导自己通过学习而获得足够的能力,然后通过所有的障碍,成功地达到了目标。

不要再将能量耗损在无聊的事情上,要凝聚注意力于你真正想要的目标之上,然后用力一击。马上行动,通过不断地努力工作,就能达到成功者的目标。

许多人内心充满了激情和理想,然而一旦面对平凡的生活和琐碎的工作,却变得无可奈何了。他们常常聚在一起高谈阔论,然而一旦面对具体问题,就会不知所措。

一般人之所以不成功,正是因为他们永远将注意力放在事情的消极方面,于是眼中见到的只有困难、挫折、不可能……种种的阻碍横亘在他们的意识中。并非他们不能成功,而是他们将注意力定在自己所不想要的东西之上。

适合自己的就是最棒的

对目标的追求要量力而行，着眼于自己的努力，不要一心只想着结果。

——阿里·基夫

现实世界中，大多数人总发现自己处在犹豫之中。怎样做才能不虚度一生？怎样才能知道自己选择了合适的职业或恰当的目标呢？

威特勒教授的研究结果和经历证实，与其让双亲、老师、朋友或经济学家为我们制定长远规划，还不如自己来了解一下自己。

查斯特·菲尔德爵士说："无论别人的推心置腹显得多么明智和多么美好，从事物本身的性质来讲，人们应当是自己最好的知己。"找寻真实的你，不是一朝一夕的工作，而是你整个人生的一项工作。找寻真实的你，是自我充实的一件伟大的冒险。如何找寻真实的自我？你必须记住，真实的你包含着善与恶。善的本质包括自尊、自信、自立、勇气；恶的本质包括失意、孤僻、愤恨、自卑。找寻真实的你，就必须了解你那邪恶的一面对你的影响。恶的本质创造了一个渺小的自我，善的本质创造一个伟大的自我，而你就是一个渺小自我与伟大自我的混合物。渺小自我的消极感经常存在，它们就像红灯，叫你把善良的本质挡在白线之内，加入它们的阵营；伟大的自我是绿灯，叫你勇往直前，以心智的能力追求你的目标，不让自己的消极感作祟。

你必须明白自己永远无法达到完美的境界，但只要你每天尽力去做，将能使你获得极大的快乐。每天都是一个新的太阳，每天都有一个新的机会，你要不断地寻找真实的你，从而获得充实的人生，发挥你的灵性。

查斯特·菲尔德爵士指出：人生实在是奇妙，不管我们怎么认定自己，哪怕那种认定是不好的或有害的，最终我们的人生必然会跟着那种认定走。

客观地认识你自己当然是困难的，然而作为一个想正正经经做一番事业的人，对自己先要有个正确的认识，难道不应当是一个起码的要求吗？

很多人的成功，首先得益于他们充分了解自己，认识到了自己的长处，根据自己的特长来进行定位。如果不充分了解自己的长处，只凭自己一时的兴趣和想法，那么定位就很不准确，有很大的盲目性。

歌德一度没能充分了解到自己的长处，树立了当画家的错误志向，害得他浪费了10多年的光阴，为此他非常后悔。

美国女影星霍利·亨特一度竭力避免被定位为精悍的女人，结果走了一段弯路。后来在经纪人的引导下，她重新根据自己身材娇小、个性鲜明、演技极富弹性的特点进行了正确的定位，出演《钢琴课》等影片，一举夺得"金棕榈"奖和奥斯卡大奖。

鲁迅、郭沫若原来都是学医的。作为医生，他们并不出类拔萃，后来改为文学创作，成了文坛巨人。如果他们坚持学医，那就可能埋没自己的才能。

俄国戏剧家斯坦尼斯拉夫斯基在排练一场话剧的时候,女主角突然因故不能演出。他实在找不到人,只好叫他的大姐来担任这个角色。他的大姐以前只是干些服装准备之类的事,现在突然演主角,由于自卑、羞怯,排练时表现很差,这引起了斯坦尼斯拉夫斯基的不满和鄙视。

一次,他突然停止排练,说:"如果女主角演得还是这样差劲,就不要再往下排了!"这时,全场寂然,屈辱的大姐没说话。突然,她抬起头来,一扫过去的自卑、羞怯、拘谨,演得非常自信、真实。

斯坦尼斯拉夫斯基用"一个偶然发现的天才"为题记叙了这件事,他说:从今以后,我们有了一个新的大艺术家……

不难揣测,有些天才之所以被埋没,是因为连他自己也没认清自己,更不用说给自己定一个合适的目标;而天才的一鸣惊人则是因为他重新找回了自己,大胆地表现了真实的自我,那目标的制定以及突破也就顺其自然了。看来,认识自己、制定适合自己的目标真的不可忽视。青少年更应该早早地发现自己,从小就培养自己的才能,在目标中优化自己,向杰出的行列迈进!

青少年阶段还只是人生的起步阶段,如果起步起得好,那以后的路就可以节省许多力气;反之,则要浪费时间走弯路,甚至有可能一蹶不振。

所以,每一个人都应该努力根据自己的特长来设计自己、量力而行。根据自己的环境、条件、才能、素质、兴趣等,确定进攻方向。不要埋怨环境与条件,应努力寻找有利条件;不能坐等机会，要自己创造机会；拿出成果来，获得了社会的承认，事情就会好办一些。青少年不仅要善于观察世界，善于观察事物，也要善于观察自己，了解自己。从自身出发制定目标，坚信"适合自己的就是最棒的"。

确立目标应考虑的因素

在瞄准遥远目标的同时，不要轻视近处的东西。

——欧里底德斯

目标犹如一个人人生征程的指向灯，没有目标的人生就像随风飘曳的一叶孤舟。只有心存目标，才会顺利到达希望的彼岸。所以，每个人心中都应该设定一个适合自己的目标，但是目标的设定并不是信手拈来，确立目标应从以下几方面进行考虑。

第一因素：了解自己想做什么。

若按愿望关系分类，则可将人分为：

（1）确切知道自己在生活中想做什么并且也去做的人。

（2）不知道也不想知道自己想做什么的人。他们害怕自己有理想。他们说："我实际想要的东西，从来没得到过。所以我干脆也不去想了。"他们宁愿想别人也想的东西和不会给他们带来任何冒险的东西。这些人实际上并不知道他们想要做什么。还不等一个愿望出现在他们的意识中，就已被他们扼杀在摇篮里："我能做到吗？我有资格做吗？别人将会怎么说呢？如果我不能胜任，结果会怎样呢？"如果说这些人也想做些什么的话，那也只是别人想做的而不是他们自己想做的事。

（3）还有一类是看起来非常清楚自己想做什么的人，而实际上他们对此却一无所知。他们与上面提到的两类人的区别只在于：他们非常重视给别人留下一种印象，好像他们知道自己想做什么。这使得他们比较自信，看起来也比别人略高一筹。

（4）最后一类就是什么都知道的人……至少他们对什么都了解得比较清楚。

青少年要想表现得杰出优秀，大概会毫不犹豫地选择第一类的！

第二因素：了解自己能做什么。

有一批青少年，他们根本不知道自己能做什么。这正如那些不知道自己想做什么的人一样。

这种人可划分为3类：

（1）过低估计自己的人。

（2）无限高估自己的人。

（3）当然，也有一些人，他们能正确估计自己，能得到他们想要得到的东西。他们属于为数很少的一部分，他们很懂得知足。

正如你所知道的那样，这么多的人过低估计自己，而且又不尝试做些事情去发挥自己忽略的能力，这绝非偶然。他们早就认识到，安于现状是件很惬意的事情。他们的行为准则是折中的。他们追求平均，而且不想全部发挥出他们的实际能力。

1974年的夏天，在英国黑潭市，教师收集了学生的有关意见。他们得出的结论是：孩子们具有潜在的超常能力。这些超常的能力又能怎样呢？教师必须承认：他们压制了这种能力，在教学上一味地搞平均主义，一味地折中，直至大多数具有天赋的学生也渐渐适应了。学生们深信：只有我得了高分才会得到承认，而当我致力于我的兴趣爱好并继续发展时，就得不到承认。他们从来不知道自己能做什么。

其结果是：学生们渐渐地习惯于低估自己和自己的实际能力。

每个人都有多种才能，这些才能可分为最佳、较佳、一般才能3种。成才者，通常是最佳才能或较佳才能与成才目标一致发展的结果。就人才而言，成才有3种类型：再现型、发现型、创造型。再现型人才善于积累知识；发现型人才驾驭知识的能力强，并时常有所发现；创造型人才具有敏锐的洞察力和丰富的想象力，一些重大发明和突破，往往产生于他们手中。但"发现自己"并非易事，自己属于哪一种人才类型，哪一种才能是自己的最佳发展才能，往往需要经过反复实践才能发现。

第三因素：将目标和能力、现实相结合。

这是因为，只有将我们实现目标的多种情况都考虑在范围之内，我们的目标才能得以实现。

这几年由于物质生活水平不断提高，许多人渐渐失去了判断力。他们所赚的钱比以前多多了，他们能比自己所期望的挣得更多。不断更新和越来越吸引人的消费品诱使着他们去突破自己的支付能力。

他们不仅为自己和家庭购置实际能置办得起的东西，还一味地购置他们希望置办的、在将来的几年内才能置办得起的东西。这使得他们不断地欠债。

许多人都会产生这样的印象:"我可以拥有我的邻居和我的朋友们所拥有的一切。"他们所要得到的东西,不再由他们实际的需求和支付能力来决定,而是由供应来决定。

他们的目标的实现也就不能与他们的能力相统一,缺乏与现实的联系。即使避此不谈,他们也会因为透支自己的能力而依赖于他人,进而几乎不再考虑他们的实际支付能力。许多青少年在找工作时,都希望找一份能多赚钱,看起来又稳定的工作,而不是找一份自己喜欢做的工作。

简而言之,我们所有的目标的终点是我们自己。我们应该了解:我们今天需要什么,我们今天能做什么。不是别人需要什么或者别人能做什么,或者我们自己期盼着明天是什么。有人认为,仅凭这点就算幸福,那可真是太少了。但现实却是:要想获得享受,我们必须动用我们所拥有的一切。大多数人都心存不满,其原因只有一个:他们至今都不懂如何从自己的实际生活出发,进而做得更好。

杰出的青少年一定会甩掉上面问题的纠缠,他们的行动一定是量力而行却又全力以赴的!

第四因素:适应社会需要。

任何人才的成功,都是顺应历史潮流,按照时代方向努力奋斗的结果。人才具有鲜明的时代特征。现代社会需要各个领域、各种类型、各个层次的人才。如果哪一个领域、哪一种类型、哪一个层次出现空白，那就是社会需要为你提供成才的机会。这个社会需要弄潮儿而不是隐者，如果你偏偏喜欢做隐者，那恐怕连温饱都成问题。所以，只有自己的目标与社会需要相一致，才可能成长起来。

青少年确立目标不仅要从自身发出，更要识大局，从整个社会的需要出发，这样才能真正成为时代的精英！

确立目标应遵循的原则

我们要有雄心壮志，但必须避免好高骛远。古语说得好："行远自迩，登高自卑。"

——李四光

很多青少年对于未来都是抱着顺其自然的态度，很少有人会认真地思索，总认为"命里有时终须有，命里无时莫强求"。其实这种看似乐观的想法，换一个角度看完全是一种消极的人生态度。要想坚定地走在人生旅途上，摒弃成功障碍，你必须确立目标。

制定目标，有以下6个需要遵循的原则：

1. 目标应该是明确的

有些人也有自己奋斗的目标，但是他的目标是模糊的、泛泛的、不具体的，因而也是难以把握的，这样的目标同没有差不多。

比如，一个人在青少年时期确定了要做一个艺术家的目标，这样的目标就不是很明确。因为艺术的门类很多，究竟要做哪个领域的艺术家，确定目标的人并不是很清楚，因而也就难以把握。

目标不明确，行动起来也就有很大的盲目性，就有可能浪费时间和耽误前程。生活中有不少青少年，有些甚至是相当出色的青少年，就是由于确立的目标不明确、不具体而一事无成。

2. 目标应该是专一的

一个青少年确定的目标要专一，而不能经常更换不定。确立目标之前需要做深入细致的思考，要权衡各种利弊，考虑各种内外因素，从众多可供选择的目标中确立一个。一个青少年在某一个时期或一生中一般只能确立一个主要目标，目标过多会使人无所适从，应接不暇。生活中有一些青少年之所以没有什么成就，原因之一就是经常确立目标，经常变换目标，所谓"常立志"者就是这样的。

3. 目标应该是实际的

一个青少年确立奋斗的目标，一定要根据自己的实际情况来确定，要能够发挥自己的长处。如果目标不切实际，与自己的条件相去甚远，那就不可能达到。为一个不可能达到的目标而花费精力，同浪费生命没有什么两样。

4. 目标应该是远大而合理的

所有谈论成功的书籍都在告诉我们："每一个成功

者都有一个伟大的梦想。"借着这句话，我们依样画葫芦去做，但是没有成功。这是为什么呢？

梦想一定要远大，但同时设定的目标一定要合理。远大就是不要把精力投入到琐碎之事上，不因其耗空能量而无所作为。必须让自己的能力空间增大，给才华以施展的余地，从而让时间产生明确而深远的价值。合理就是顺应大方向、大潮流、大趋势，合乎逻辑、规律、变化。目标合理才能左右逢源、合体合用、勇往直前。

5. 目标应该是特定的

确定目标不能太宽泛，而应该确定在一个具体的点上。如同用放大镜聚集阳光使一张纸燃烧，要把焦距对准纸片才能点燃。如果不停地移动放大镜，或者对不准焦距，就不能使纸片燃烧。

这也同建造一座大楼一样，设计图纸不能只是个大概样子，或者含糊不清，而必须在面积、结构、款式等方面都是特定和具体的。目标应该用具体的细节反映出来，否则就显得过于笼统而无法付诸实施。

6. 目标应该是富有挑战性的

一个真正的目标必定充满挑战性，正因为它具有挑战性，又是由你自己所选择的，所以你一定会积极地去完成它。

当你列出自己想成为的人、想做的事及想拥有的东西，又在每一项中圈出你认为最重要最具挑战性的事情后，再尝试找找其他重要的答案，你可能会需要用不同颜色的笔在每一项中标示出两三件对你而言重要的事情。

你需要相信,如果你被撞伤后只顾躺在那儿抚痛自怜,身上就会出现瘀血块,豁出去猛跑一阵,反而会另有所获。

挑战性的目标必能激发挑战性的精神,有此精神则无畏、无惧,无限接近成功。

如果你是一个学生,只为分数而学习,那么你也许能够得到好分数;但是,如果你为知识而学习,那么你就能够得到更好的分数和更多的知识。

"国有国法,家有家规",确立目标自然也要遵循一定的原则。当我们有了一个心动的目标,再加上必胜的信念,那么离成功就更近了一步。

7

乐于实践的能力

——挑战梦想，打造现实

哈佛告诉你

有一个人经常出差，无论长途短途，无论车上多挤，他总能找到座位。他的办法其实很简单，就是耐心地一节车厢一节车厢找过去。其实，生活中只要你有足够的自信、足够的执着，富有远见，勤于实践，你总会握有一张人生之旅的坐票。

纸上得来终觉浅，绝知此事要躬行

旅人没有常识，如同飞鸟没有羽翼；理论家没有实践，如同树林没有果实。

——萨迪

真正的社会经济生活的运行，远比书本上的原则、定理丰富得多，复杂得多。书本把具体的、活生生的东西抽象掉了，给你一个理想的模式,而实际生活中,你必须认真对待和处理各种问题,包括一些搅得你不得安宁的、令人头痛的难题。因此,求得真知,必须将书本知识和丰富的实践知识结合起来。

青少年朋友要重视实践,积极投身实践。靠想当然,或凭猜想处理问题,倒不如亲自去试一试,闯一闯。

有一年,外国一家报纸上登了一则广告:"一美元购买一辆豪华轿车。"人们都不相信。贝瑞见到这则广告也半信半疑:"今天是不是愚人节啊!"但他还是揣着1美元,按报纸提供的地址找到了刊登广告的主人——一位高贵的少妇。少妇将贝瑞带到车库,向他介绍了要卖的一辆崭新的豪华轿车。贝瑞脑中闪现的第一个念头是:"车肯定有问题。"主人让他试着开了一圈,车子完全正常。他又怀疑是赃物,少妇给他看了车的牌照。于是,贝瑞付了1美元,购得了轿车。当他开车要离开时,终于探得了事情的原委。少妇告诉他:"这是我丈夫的遗物。他把所有的遗产都留给了我,只有这辆轿车,是属于他那个情妇的。但他在遗嘱里把这辆车的拍卖权交给了我,所卖款项交给他的情妇——于是,我决定卖掉它,1美元即可。"

贝瑞凭1美元就买得了一辆轿车,是有点不可思议,可它告诉我们,有些事你若不去经历,也许一辈子都不能了解个中奥妙。有些看来十分离奇的事,只要你敢于实践,就有可能创造别人难以想象的奇迹。可见,任何知识的获得,都不能忽视亲身实践这个环节。

知识的积累不仅包括书本上的间接经验,还包括亲身实践获得的直接经验。一个人的才气、创造，往往与他的见识、阅历成正比。生于西北、长于西北的作家贾平凹，接受了江南的水光山色的陶冶、才子灵性的启迪，使他胸怀阔大，笔底潮生。他在《我往东去，得大自在》一文中说："不到江南，我向往江南，走了江南，我更热爱我们的西北，西北历史的辉煌和现今的艰苦，

给了我生命和气质,我从事文学,这么从黄河到长江,明白了我们的不足,也坚定了我们的信心。草食动物或许是胆小的兔子,但也可能是恐龙、大象,吃血的或许是老虎,也许是虱子。我再不为远离京都而自叹,也不再为西安历来'生人不养人'的环境而悲苦,放眼天下,心存高志,阔大胸怀,善于汲取,才是我发展天才的急需!"

可见,生活体验的多变、视野的开阔,最能引发联想,唤起灵思,最有利于杂交创优。

青少年朋友,有很多东西不是看看、听听就能了如指掌的,亲身去实践,用自己的经历去总结,这样得来的东西才会很真实。所以,在学习书本知识的同时,不妨多参加一下社会活动,把理论和实际结合起来,这对你必有帮助。

做好准备

倘只看书,便变成书橱。

——鲁迅

准备之于成功,如同基石之于大厦。因此,准备是成功的基础,只有准备充分了,成功才会降临。当我们一点点地积累,一粒粒地积聚,一步步地走,就有了量变到质变的飞跃。人生是一个漫长的生命旅程,如果你能提前一一做好准备,那么你的每一段路走起来就会坚定自如、泰然自若了。著名节目主持人朱军在出版《时刻准备着》时,他说:"我觉得这么多年来,我的状态始终是'时刻准备着',而机遇都是在积极准备中光顾的。"

美国著名电台主持人莎莉·拉菲尔在自己的职业生涯中遭遇了18次辞退,她的主持风格曾被人贬得一文不值。

最早的时候,她想到美国大陆无线电台工作,但是,电台负责人认为她是个女性,不能吸引听众,想都没想就拒绝了她。

她来到波多黎各,希望自己有个好运气。她不懂西班牙语,为了熟练掌握语言,她花了3年时间。但是在波多黎各的日子里,她最重要的一次采访,仅仅是一家通讯社委托她到多米尼亚共和国去采访暴乱,连差旅费都是自己付的。

在以后的几年中,莎莉·拉菲尔不停地工作,不停地被辞退,有些电台甚至指责她根本不懂得什么是主持。

1981年,莎莉·拉菲尔来到了纽约的一家电台,但是很快被告知:她跟不上这个时代,为此,她失业了一年多。

有一次,她向一位国家广播公司的职员推销她的清谈节目策划,得到了对方的肯定。但是,那个人后来离开了广播公司,她不得不向另外一位职员推销她的策划,这位职员却不感兴趣。别人虽然同意雇用她,但不同意参与访谈节目,而是让她做一个政治类节目主持人。

莎莉·拉菲尔对政治一窍不通,但是她不想失去这份工作,于是开始"恶补"政治……1982年夏天,她的以政治为内容的节目开播了。她有着娴熟的主持技巧和平易近人的风格,她甚至让观众打进电话讨论国家的政治活动,包括总统大选。这在美国电台史上是史无前例的。

莎莉·拉菲尔几乎一夜成名，她的节目成为全美国最受欢迎的政治节目。她现在是美国一家自办电台节目主持人，曾经两度获得全美主持人大奖。每天有 800 万观众收听她主持的节目。在美国传媒界，她就是一座金矿，无论到哪家电视台、电台，她都会带去巨额的利润。莎莉·拉菲尔说："我平均每 1.5 年就被人辞退一次，有些时候，我认为这辈子完了。但我相信，上帝只掌握了我的一半，我越努力，我手中掌握的一半就越庞大，终于有一天，我赢了上帝。"

当你有所准备的时候，面对挑战，你才能保持绝对的冷静。做好了准备，一切危险、困难、挫折，也就会被你摆平。有了准备，我们就不再彷徨。"书到用时方恨少"，平常若不充实学问，临时抱佛脚是来不及的。也有人抱怨没有机会，然而当升迁机会来临时，才意识到自己平时没有积蓄足够的学识与能力，以致不能胜任，也只好后悔莫及。

人生之路漫长而又充满了未知，青少年朋友应该"时刻准备着"。为了美好的将来，储备对付一切难题的能量，准备一副冷静平和、挑战困难的心态。就像莫里尼奥所说的："当准备的习惯成为你身体的部分，它就会永远在那里，并帮助你取得令人惊讶的胜利。"

俗话说：有备无患。青少年朋友做事应该未雨绸缪、居安思危。

冲出经验怪圈

没有调查,就没有发言权。

——毛泽东

大家认为是正确的,其实并不一定都是正确的。敢于思考的人不会按照大家的经验来发表意见,应该有自己独特的见解。不论在哪种社会、哪个时代,最早提出新观念、发现新事物的人总是极少数,绝大多数人是不赞成甚至激烈反对的。因此,要想成功,就必须冲破经验的怪圈。

新观念的倡导者和新事物的发现者,几乎都不同程度地有一种孤独寂寞、不被人理解的感觉。

敢于创新的人们是不害怕这种思维和观念上的"孤立"的,反而以此为荣。敢于被"孤立"、不从众是一种众人皆醉我独醒的品质。作为独身的醒者如何既坚持主见又保护自己的主见不被扼杀,真的是一个很困难的问题,没有策略的莽汉是无法解决的。如果你不和周围的人保持某种程度上的一致,你就会受到排挤,你的新思想就无法推行;如果你与周围的人群过于一致,那么,你自己的新思想也就被忽略、被扼杀了。

如何在经验与创新中发展自己呢?

囿于经验不敢创新的人,我们称之为"先例的奴隶"或者"先例的崇拜者",因为他们把困难当作不可能,总是在说这不会做,那不可能。殊不知,世界上哪一件新事物不应归功于古往今来的先例破坏者呢？现代人生活中的种种安适、便利、奢华、幸福，又有哪一件不曾是这些先例破坏者脑海中的产物？

爱默生有一句至理名言："要想成为真正的'人'，必须先是个不盲从抄袭的人。你心灵的完整性是不可侵犯的……当我放弃自己的立场，而想用别人的观点去思考的时候，错误便造成了……"

这对强调由别人的观点来思考的人来说，无疑是一大挑战。

也许，我们可以对爱默生的话做如下阐述："要尽可能由他人的观点来看事情——但不可因此而失去自己的亲身体验。"

临渊羡鱼，不如退而结网

在天才和勤奋两者之间，我毫不迟疑地选择勤奋，她几乎是世界上一切成就的催产婆。

——爱因斯坦

每个人都有自己美好的理想，有的人为了实现它，孜孜以求，不懈地努力着、奋斗着。而有的人则仅仅停留于口头上，或常常沉浸在一些不切实际的幻想中，不能付诸切实的行动。当遇到后一种情况的时候，人们常常会劝勉他说："临渊羡鱼，不如退而结网！"做事要努力追求，不能总是停留在口头上，重要的是采取实际行动。唐代学者颜师古解释这一典故时说："言当自求之。""自求"，就是要靠自己努力追求，付诸行动。他告诫人们，不要做口头革命家，而应当努力将伟大的目标化为实实在在的行

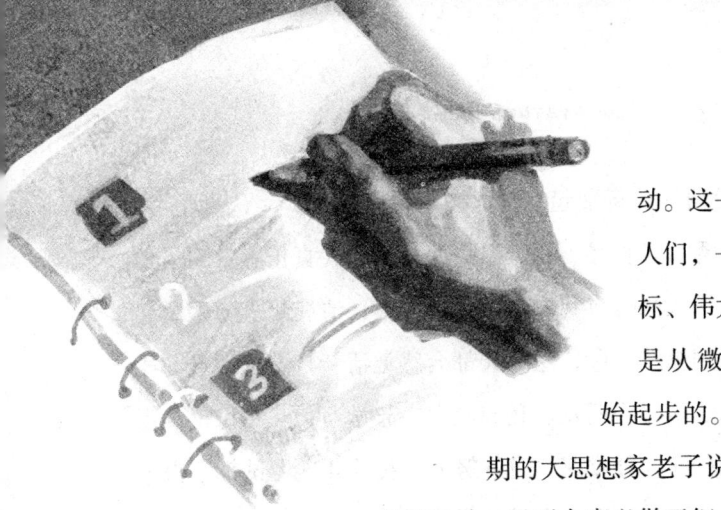

动。这一典故还告诉人们,一切伟大的目标、伟大的思想,都是从微不足道的开始起步的。中国春秋时期的大思想家老子说:"天下难事必做于易,天下大事必做于细。"意思是说,规划宏伟的目标,还得从最不起眼的小事做起,谋划难做的事,也得从最容易的事做起。

下面我们来看看一位青年的自述:

好多朋友跟我说,自考好难!于是,本想参加自考的我一直被这个思想包袱拖累。直到2005年下半年,我准备报考高级会计师,从财政局获知需有大专文凭才能报考,这当头一棒使我马上就想到了自考。

2005年底,我报读了电子培训中心的南京大学汉语言文学专业的独立办班,怀着巨大的压力与不自信的心情跨进了自考的大门。

老师讲课经验丰富,引经据典,把本来很枯燥的内容形象化。课堂上同学们的兴致很高,气氛活跃。我仿佛又回到了当年的学校,又找到了6年前的温馨感觉,对汉语言文学的学习也提高了兴趣,同时也充满了自信。

自考最主要的难题是时间紧,但我认为"时间就像海绵里的水,只要愿挤总是会有的"。参加自考以后,我取消了每天下班后的一切娱乐活动，重新拿起书本，搬起厚厚的词典，认真学习。看了一篇篇优秀文学作品，每天温故而知新，我真正感觉到了学习的乐趣！夜深人静时有我看书做题的身影，清晨醒来随手拿起特意放在床头的书读一段，这一天都会感觉清新自然。而且，通过自考我认识了很多好朋友。我们经常一起学习、互相讨论，不亦乐乎！一分耕耘一分收获，通过努力，我的4次考试都获得了很好的成绩，很快我的大专文凭就到手了，而且这种过程也不像别人所说的很难。

"临渊羡鱼，不如退而结网！"我觉得这句话说得太对了，心动不如行动，行动了才有希望！

世界对每个人都是公平的，每个人身上都有可以成功的素质，就看你争取不争取！所以，要想成功，你立即去实践吧！

1. 激发好胜心

每个人都有惰性，不愿意去学习新的东西，或者是没有胆量，没有学习新知识的意识。但是，我们也有一个最有利的条件，就是有很强的好胜心。只要能激起好胜心，并加以激励，我们就会"铤而走险"去学习新知识。一旦我们尝到了"甜头"，认识到自己的能力，就不但敢于而且也乐于去做了。

2. 培养执行计划的习惯

每一个青少年每天都会有许多新的构想，而每一天都会有成千上万个青少年会把自己辛苦得来的新构想取消或埋葬掉，因为青少年不敢执行。

当发生这种情况时，我们应该清楚一点：无论我们的想法有多好，理想如何远大，除非真正身体力行，否则永远没有收获。

3. 尝试未做过的事情

有这样一句话，似乎是所有青少年的常用语："这个老师没教过，我不会做。"把这句话挂在嘴边是不行的。不会的就更应该学，而且要激励自己去学习新知识，而不是被动地等待别人来教。

4. 独立完成各种任务

对于应该是自己完成的所有活动，你都要自己去做。任何问题应自己先思考领会并尝试完成，这样我们就充分运用了自己的综合能力。

敢于冒险的能力
——冲破限制自己发展的瓶颈

哈佛告诉你

冒险可以给你带来一些全新的体验,一些你所未知的领域的体验,可以说,冒险的体验正是你生活中进步和快乐的本源。生活本来就是充满变数的,所以对于不可预知的未来,你没有必要担心惧怕。

在惊涛骇浪中丰富人生

生活并不像一条小溪那样总是有节律地、平静地潺潺流动。生活中会有激动和震荡,有高潮和低潮。

——赞科夫

生活中的每一个角落都有存在风险的可能,即使永远扎根在原地不动,也不可能保证你一生的风平浪静。

有很多人似乎都习惯于"躺在床上"过一辈子，因为他们从来不愿去冒险，不管是在生活中，还是在事业上。但是，当我们横穿马路的时候，实际上总是有着被车撞倒的危险；当我们在海里游泳的时候，也同样有着被卷入逆流或激浪的危险。尽管统计数字表明坐飞机比乘汽车要安全一些，但我们的每一次飞行仍然隐藏着冒险……

自有文字记载以来，冒险总是和人类紧紧相连的。虽然火山喷发时所产生的大量火山灰掩埋了整个村镇，虽然肆虐的洪水冲走了房屋和财产，但人们仍然愿意回去继续生活，重建家园。飓风、地震、台风、龙卷风、泥石流以及其他所有的自然灾害都无法阻止人类一次又一次勇敢地面对可能出现的危险。

可以说，"没有冒险的生活是毫无意义的生活"。事实上，我们总是处在这样那样的冒险境地，因为我们别无选择。

我们在这个世界上生存，未来的世界是我们的，我们必须去开拓和探索，这是生存的使命！能在惊涛骇浪中生存下来的人，他的人生一定不同凡响！

谁能用80美元环游世界？99%的人都觉得这是不可能的，但是罗伯特做到了。罗伯特·克利斯朵夫是一位熟练的摄像师，在他年轻的时候，他像许多青年人一样，喜欢读科幻小说。当他读完儒勒·凡尔纳动人的科幻小说《80天环游地球》后，他的想象力和内心潜在的勇气被激发了。

罗伯特告诉朋友："别人用80天环绕地球一周，现在我为什么不能用80美元环绕地球一周呢？我相信如果我有足够的勇气，任何地方我都可以到达。"

朋友笑着说:"你的想法太天真了!"

罗伯特没有理睬他们的嘲笑,而是从他的衣袋里拿出自来水笔,在一张便条上列了一个他所能想到的在旅途中将会遇到的困难表,并仔细地记下准备怎么着手解决每个困难的办法。

罗伯特没有拖延一分钟,他开始行动了。

他先和经营药物的查尔斯·菲兹公司签订了一份合同,保证为这家药物公司提供他所要旅行的国家的土壤样品。他又想办法

获得了一张国际驾照和一套地图，条件是他提供关于中东道路情况的报告。他四处奔波，让朋友设法替他弄到了一份海员文件，并且获得了纽约警察部门开出的关于他无犯罪记录的证明。为了旅行，他想得很周全，甚至为自己准备了一个青年旅游招待所的会籍。

最后他又与一个货运航空公司达成协议，该公司同意他搭飞机越过大西洋，只要他答应拍摄照片供公司宣传之用。

只有26岁的罗伯特完成了上述计划，他在衣袋里装了80美元，便乘飞机和纽约市挥手告别，开始了他80美元周游世界的梦想。

在加拿大的纽芬兰岛甘德城，罗伯特吃了第一顿早餐。他不能用他可怜的80美元来付早餐费，那么他是怎样做的呢？他给厨房的炊事员照了相，大家都很高兴。

在爱尔兰的珊龙市，罗伯特花4.8美元买了4条美国纸烟。罗伯特深知，在许多国家里纸烟和纸币作为交易的媒介物是同样便利的。

从巴黎到了维也纳，精明的罗伯特送给司机一条纸烟作为他的筹资。从维也纳乘火车，越过阿尔卑斯山，到达瑞士，罗伯特又把4包纸烟送给列车员,作为他的酬谢。

在叙利亚首都大马士革,罗伯特热心地给当地的一位警察照了相。这位警察为此感到十分自豪,命令一辆公共汽车免费为他服务。伊拉克特快运输公司的经理和职员特别喜欢罗伯特为他们照的相。作为感谢,他们邀请罗伯特乘他们的船从伊拉克首都巴格达到达伊朗首都德黑兰。

在曼谷,罗伯特向一家极豪华的旅行社经理提供了一些他们急需的信息——一个特殊地区的详细情况和一套地图。他为此受到了国王一样的招待。

最后,作为"飞行浪花"号轮船的一名水手,他从日本到了旧金山。

罗伯特·克利斯朵夫用84天周游了世界,并且他所有的旅资加起来只有80美元。

简直不可思议,80美元兑换成人民币估计还不够一个青少年一个月的生活费,怎么可能把世界环游一遍?就算不吃不喝,那也撑不下来,但是,罗伯特进行得是如此顺利。难道罗伯特没有想到这一旅程会有很多可能的风险吗?他想到了,正因为他想到了所以他才会去冒险,用冒险来给自己的人生加点色加点味。

青少年朋友整日躲在遮风挡雨的温室里,恐怕还不知道冒险的滋味吧!冒险可以培养青少年的勇气、适应能力、解决问题的能力,而且还可以收获许多在温室里学不到的东西,冒险是青少年应该选择的活动!

如何培养冒险的能力呢?

1. 建立自信心

自信心，是孩子成长中特别重要的个性品质。自信心建立在孩子自我意识成熟的基础上，是自主精神的重要内容。自信心强的孩子，不指望依靠别人的帮助，总是会相信自己的力量，确信自己经过努力一定能够取得进步，有所作为。因此，自信心是一个有缺点的孩子成长的必要条件。

科学研究表明，一个人要取得成就，除了发展较高的智力外，还要有良好的个性品质，其中最重要的就是独立精神和自信心。大多数在科学领域中有突出贡献的科学家，都具有强烈的自信心。有人问居里夫人："你认为成才的窍门在哪里？"居里夫人肯定地说："恒心和自信心，尤其是自信心。"

至于该如何建立信心，专家认为，要勇于尝试自己最害怕的事情，一旦有了一次成功的记录后，就能增强信心。

2. 家长多鼓励

家长们不能因为危险，就阻止他们去做，反而应该鼓励他们大胆尝试，让他们自己去拼搏、去争取。

克服恐惧，站在最前面

伟大的胸怀，应该表现出这样的气概——用笑脸来迎接悲惨的命运，用百倍的勇气来应付一切的不幸。

——鲁迅

在恐惧所威胁的地方，人是不可能实现任何有价值的成就的。有一位哲学家说过这样一句话:"恐惧是意志的地牢,它跑进里面,躲藏起来,企图在里面隐居。恐惧带来迷信,而迷信是一把短剑,伪善者用它来刺杀灵魂。"

在卡耐基用来撰写成功学书籍的打字机前面,悬挂着一个牌子,上面写着:"日复一日,我在各方面都将获得更大的成功。"

一名怀疑者在看到这个牌子之后,问卡耐基是否真的相信"那一套"。卡耐基回答说:"我当然不相信。这个牌子只不过协助我脱离了我原来担任矿工的那个煤矿坑,并替我在这个世界里谋得一席之地,使我能够协助10万人力争上游,在他们思想中灌输与这个牌子内容相同的积极思想。所以,我何必相信它呢?"

现实生活中,我们要把自己逼向绝境,在没有选择的情况下去努力克服对行动的恐惧。

克服恐惧的一个重要方法就是绝不要让别人打消你的积极性。现实中,总是会有一些人劝阻我们不要去冒险,但是如果想实现自己的理想和目标,就一定要有冒险的勇气和胆量。

很多人害怕成功,害怕成功带来的后果。他们会说:"如果我爬上了高层,我就得对下属负起责任。""人们也许会嫉妒我,怀恨在心,甚至在我的背后捅刀子"……

你可能从来没有想过有这样一些不怕冒险的人,他们像孩子一样,玩一种"占山为王"的游戏。当其中一个孩子成为"王者"的时候,别的孩子就想方设法赶他下台。然而当真的下台之后,失败者又敢于再次冒险,重新把山头夺回来。

海军上将威廉·哈尔歇引用纳尔逊将军的一句话作为他的座右铭:"舰长要将他的座舰驶在敌舰旁边。"哈尔歇道:"军中有句术语,'攻击是最好的防御',这句话不仅可以使用在战场上,所有的问题,不管是个人的、国家的或战争的,不要试图逃避,而要面对它,如此一来问题就会显得小多了。轻轻触摸它,它会刺痛你;大胆握住它,它的刺就碎掉了。"

世界上没有一件可以完全确定的事。成功的人与失败的人,他们的分别并不在于能力或意见的好坏,而是在于相信判断、适当冒险与采取行动的勇气。

我们常常认为勇气仅指战场上、遇难船上或遭遇危机时的英雄事迹。其实在日常生活里,要想过得有效率,同样需要勇气。站在原地不动,裹足不前,时常使遭遇困难的人显得精神萎靡，感到"束手无策"掉在陷阱里，而且也会带来很多身体上的症状。

　　为此，马尔登建议："彻底研究状况，在心里想象你可能采取的各种行动方向与每一种可能产生的后果。选择一种最可行的方向，然后放手去做。如果我们一直要等到完全确定之后才开始行动，一定成不了大事。每种行动都可能会有错误，每个决定也都可能行不通，但是我们千万不可因此而禁闭了我们所要追寻的目标。你必须有每天冒险遭遇错误、失败，甚至屈辱的勇气。走错一步永远胜于'原地不动'。你一向前走就可以矫正你的方向；若你抛了锚'站着不动'，自动导引系统是不会牵着你走的。"

　　如果我们有信心而且怀着勇气行动，那么我们已经有了50%成功的可能。

　　揭开了雷电真实面目的富兰克林是一个勇敢的实践者和行动者。1752年7月的一天，富兰克林在野外放风筝进行捕获雷电的试验。他的风筝很特别，用杉树做骨架，用丝手帕做纸，扎成菱形的样子。风筝的顶端安了一根尖尖的铁针，放风筝的麻绳末端拴着一把铁钥匙。当风筝飞上高空不久，突然大雨降临，电闪雷鸣。富兰克林对全身被淋湿毫不在意，对可能被雷击也不畏惧，他全神贯注于他的手。当头顶上闪电的瞬间，他感到自己的手麻麻的，他意识到这是天空中通过湿麻绳和铁钥匙导来的电流。他高兴地大叫："电，捕捉到了，天啊，电捕捉到了！"

　　我们纵然有成功的欲望，但不敢冒险，怎么能够实现伟大的目标？在不确定的环境里，人的冒险精神是最有创造价值的资源。

青少年朋友，如果你想做只金凤凰，那你就必须克服恐惧，敢于冒险！

尝试"不可能"

在一个人生命的初始阶段，最大的危险就是不冒风险。

——佚名

成功者的字典里没有"不可能"这三个字，在他们眼里，越是不可能的事，越可能成功。一位成功人士说："只要有无限的热情，几乎没有一样事情不可能成功。"

20世纪50年代，索尼公司创始人盛田昭夫和井深大就树立了打造全球性公司和全球强势大品牌的远大目标和宏伟愿景。他们意识到，索尼要成长为真正的全球性公司和全球强势大品牌，实现真正的品牌全球化是必须全面突破的关键性难题。

但是，对于创立不久的索尼来说，尽管实现了产品创新和销售业绩上的突飞猛进，也只能算是日本本土上的一个小小的"暴发户"。如何才能使索尼走向世界？有足够大的决心、足够多的勇气甚至不惜冒险是索尼品牌全球化战略必须迈出的第一步。

1953年，盛田昭夫对荷兰皇家飞利浦电子公司进行了考察，已在世界范围内建立起广泛声誉的飞利浦竟然坐落在一个又偏又小的老式农庄里的事实，给了盛田昭夫莫大的启发，使他信心倍增，更坚定了他把索尼打造成全球强势大品牌的信念。他在给井深大的信中说："如果一个又小又偏的农庄都能建成一个大型、高科技、有全球声誉的公司，就像飞利浦那样，那么索尼也能做得到。"

正是在这种冒险精神的鼓舞下，1953年索尼公司冲破重重险阻和困难，实现了一个名不见经传的日本小公司从贝尔实验室购买晶体管的关键技术的"神话"，在1955年成功推出全世界第一台晶体管收音机，1957年推出第一款便携式晶体管收音机，奠定了索尼在世界消费电子行业的领先地位。

事实证明，"不可能"的事通常是暂时的。当遇到困难时，永远不要让"不可能"束缚自己的手脚，坚持下去"不可能"也许就会变成可能。

冒险与收获常常是结伴而行的。险中有夷，危中有利。要想有卓越的成果就要敢于冒险。许多成功人士不一定比你"会"做，重要的是他们比你"敢"做。

一些人之所以一辈子平平庸庸，直到走到人生的尽头也没有享受到真正成功的快乐和幸福的滋味，就是因为他们安于现状，不敢冒险，不敢走前人没有走过的路。

如果你没有冒险精神，只愿意四平八稳地走在平坦的大道上，那么，你就永远也成不了遨游蓝天的雄鹰，只能做一只在粪堆里扒食的小鸡。

青少年正年轻，刚走上社会，一方面要通过学习和实践不断增长智慧，另一方面还要永远保持冒险精神。"谨慎小心"并不是一种优秀的品质，裹足不前、安于现状，在当今瞬息万变的社会中也只能被淘汰出局。

勇于创新的能力
——独辟蹊径，出奇制胜

哈佛告诉你

　　创新是标新立异创造新思维；创新是独树一帜，敢为天下先；创新是发现、发明、创造与发展；创新是超群、超脱和超越。

创新思维引领创新行动

欲求直接的灵感，便不能不向思想和生命之渊源处去追求了。

——林语堂

　　创新是当下的热门话题，创新性思维是一种具有开创意义的思维活动。创造性思维还可以从更广泛的含义上去理解，不仅做出完整的新发现和新发明的思维过程是创造性思维，就是那些尽管最后没有取得成功，但在思考的方法和技巧上，在某些局部的结论和见解上具有新奇独到之处的思维活动也是创造性思维。有了创造性思维就能引领创新行动，从而脱颖而出。

因为，唯有层出不穷的创新意识，才能化腐朽为神奇。杰出人士的成功奇迹就是在创新思维中诞生的。但这种创新思维是需要培养和训练的。一旦掌握了创新思维，那你成功的步伐自然而然就会跟进的。

如何培养创新思维呢？

1. 养成思考的习惯，在不断的思考中锻炼与发展思维能力

我们知道，一般人的天资并没有太大的差别，如同马克思所说："搬运工和哲学家之间的原始差别要比家犬和猎犬之间的差别小得多，他们之间的鸿沟是分工掘成的。"人的思维能力主要是在用脑的实践中形成与发展的。

2. 走出思维框框

走出思维定式，打破旧框框，这是进行创造力训练的第一步。每个人都知道钢铁的密度比水大，因此推测钢铁在水上必然下沉就是顺理成章的了，甚至我们可以很容易地用实验来验证这一点。然而，如果这个常识占据我们的头脑，并阻碍我们的思维的话，恐怕直到今天我们也只能靠划木船来做些短程的航行。

3. 甩掉从众心理

摆脱"枪打出头鸟""利刀子先钝"思想的束缚，遇事要有自己的主见，保持自己的个性。

4. 多提几个建设性的"为什么"

从小培养刨根究底的好习惯，遇到问题多问几个为什么，直

到掌握事情的来龙去脉。

5. 尽量发挥想象力

想象力能使被认为不可能的东西变为现实。拿破仑说过:"想象支配人类。"想象力正是人的伟大之处。

人的创造范围完全是由人对自己的想象和认识所决定的。创造力是让人去发挥想象，天马行空，想那些常人不敢想的，做常人认为怪异而不敢做的事情。开始时也许是空想，但如果你能全力以赴、持之以恒地为之奋斗，也许理想就会变成现实。这对个人的发展、事业的进步将产生很大的影响。美国著名心理学专家丹尼尔·高曼说:"要想在事业上有所成就，必须具有创造性思维的力量。"而作为决定创造范围的想象力当然显得极为重要了。

6. 学会联想

当我们为了解决一个问题冥思苦想而不得其解时，我们常常会先丢开此问题而去做其他的，如扫扫地、散散步、翻翻报纸杂。在做这些轻松的事时，我们会被其中的某个刺激而突然醒悟，从而得到解决问题的方法。

联想思维创造法在解决问题时经常用到，它是根据人的心理联想而发明的一种创造方法。为了解决问题，人们从其他似乎与这个问题无关的事物或事情入手，展开联想，从而得到解决问题的方法。

拒绝模仿,让"金点子"飞翔

以自己的无限活力,引导无限的创造。

——蒋荣昌

一个人要想成功,就必须拒绝模仿,让"金点子"在脑中激荡进而飞翔。

我们常常认为,只有诗人、发明家等才具有"创造性的想象力"。其实,在做每一件事时,我们的想象力都是有创造性的。想象力如何推动创造机能,历代的伟大思想家都无法找到答案,但他们皆承认创造源于想象力这一事实,而且能善加利用。拿破仑有一次说道:"想象力可统治整个世界。"格林·克拉克也说过:"人类所有天赋之中,最像神的就是想象力。"想象力这种天赋,是人类活动的最大源泉,也是人类进步的主要动力……毁坏了这种天赋,人类将停滞在野蛮的状况中。一个人一生的成就,全归功于他能建设性地、积极性地利用想象力。

青少年朋友应该还记得司马光砸缸的故事吧!

司马光,北宋陕西夏县人,曾任宰相,是一名杰出的史学家。

司马光自幼聪慧非凡。有一天,他在花园里和一群小朋友玩耍,大家正玩得高兴的时候,突然,一个小朋友扑通一声,掉进一口盛满浇花水的大缸里。他拼命地挣扎着,小脑袋忽而露出水面,忽而被水淹没,眼看就要淹死了!

周围没有一个大人，小朋友们有的急得啼哭喊叫，有的惊呼着跑去找大人。情况万分危急，小朋友的生命危在旦夕！

这时的小司马光却临危不乱，立刻有了主意。他在附近抱起一块大石头，猛地向大缸砸去，只听"哗啦"一声，大缸肚子出现了一个窟窿，水哗哗地流了出来。

缸里的小朋友得救了！

小司马光智救小朋友的故事，迅速传开，家喻户晓。

司马光不同于其他孩子的举动源于他与众不同的创造性想象力。

无论你从事何种职业，千万不要盲目模仿他人、追随他人。不要做人家已做的事情，要做那些新奇独特的

事情。要让别人承认，你所做的事业是空前绝后的伟大创新。

你该立志，不管你的成就是大是小，但凡有所成就，一定要是开创性的成就。不要害怕以自己特殊的、勇敢的方式，来显露你自己的真面目。要知道，创新才是力量，才是生命，而模仿就是死亡。

能够使自己的生命延长的人，绝不是由于模仿，而是由于创造；不是由于追随，而是由于领导。你应当立志做一个有主见的人、一个有思想的人、一个时刻求改进的人、一个创新的人，这样的人，无论如何都可以立足于社会。

因循守旧者的典型特征是抱着自己的老观念不放，不去主动接受新事物，进行脑力革命。这本身就是思维上的惰性所致。想成功的人必须学会时刻"洗脑"，摈弃因循守旧，创新求变才会成功。我们有很多人常抱怨自己脑子太笨，这是因为不开动脑筋，在过去的思维模式中打转转。

青少年朋友应该努力创新，去做一个时代的新人，不要害怕自己成为"创始人"。一味地模仿前人其实是极愚拙的做法，每一个人都应该做一项创造性的工作。如果去抄袭他人，做他人已做过的工作，便是对自己天赋品质的抛弃，便是对自己神圣职责的背离。

没有一个一味模仿他人的人能够成就大业。抄袭不能获得成功，模仿也不能获得成功，能使人获得成功的，唯有创新。愈是模仿他人的人，愈容易失败。因为能力是潜伏于个人的身体里面的，只有通过创新发挥潜能，才能成就伟大的事业。

创新能力会为自己的前进开辟道路，模仿别人用同样方法做事的人，虽然具有卓越的才干，却总难以引起大众的注意。青少年无论做什么事都要有创新精神，多开动脑筋，让出其不意的"金点子"尽情地在你脑海中飞翔吧！

张扬自我个性，敢于标新立异

学我者生，似我者死。

——齐白石

创新作为一种最灵动的精神活动，最忌讳的就是呆板和教条，任何形式的清规戒律，都会束缚其手脚，使其无法大展所长。只有敢于挑战传统、打破常规之人，才能真正有所作为，才能敞开胸怀拥抱成功。

众所周知，随着时代的发展，尤其是网络的普及，在如今瞬息万变的社会中，传统和经验的意义已经远远没有过去那么重要了，时代更加突出了创新的意义。

毫无疑问，青少年是最具有创新精神的群体，是具有最少保守思想的群体，是最勇于开拓进取的群体，是最勇于打破常规的群体，是创新思维最为活跃、精力最充沛、最好动脑筋、创造欲最旺盛的群体。

李大钊曾说："青年之字典，无'困难'之字；青年之口头，无'障碍'之语。青少年，一言以蔽之——敢为天下先！"所以，这是一个属于我们青少年的时代，而我们要占领这个时代的首要条件，就是张扬个性，用"离经叛道"去打破所有过于迷信的经验、传统、权威和规则！

要想成功，就必须走出自己的路来，总跟在别人屁股后面，最后只能落个"跟屁虫"的臭名，所以青少年一定要有自己的个性。个性是区别大众的特征，伟大的剧作家莎士比亚曾说过："你是独一无二的。"这是对个性的肯定，大多数成功的人都是有个性的，他们都是根据自己的个性去思考自己的未来，去设计成功的路线和方法的。

皮尔·卡丹无疑是今天世界上最著名的经营大师之一。和任何一位商界的成功者一样，皮尔·卡丹的成就是多方面因素促成的，如企业家的素质、机遇的把握、经营者的天赋，等等。而皮尔·卡丹标新立异，不断地开拓进取，不断地挑战自我、挑战人生的个性更值得我们认真学习。

正是皮尔·卡丹标新立异的个性，促使他的事业始终保持着如日中天的势头。他的这种个性在他的经营实践中突出地表现了他的创造性。众所周知，皮尔·卡丹今天拥有的各种规模的商业"帝国"，都是从服装开始起步的。1950年，28岁的皮尔·卡丹创建了自己的服装公司，这便是日后他庞大的商业"帝国"的雏形。当皮尔·卡丹只身一人闯进巴黎服装界时，即使他已经有了比较大的名气，但面临的困难也是相当多的。首先是来自竞争的压力。当时的巴黎服装店、服装公司比较多，可是真正称得上是高级时装的公司只有三十几家，皮尔·卡丹的小公司不仅名不见经传，而且也没有雄厚的资金实力。尽管如此，皮尔·卡丹个性中的创造性和他那天才的商业目光，使得他在自己的事业初露端倪时，便"违反"常规，为自己选择了一个全新的定位。当时，各大服装公司，特别是那些高级时装公司，都把目光集中在人群中属于少数人的达官贵族、名门显宦、富豪巨商身上。皮尔·卡丹没有同高级时装公司在富人身上展开竞争，而是决定一改服装贵族化的老路，另辟蹊径，破天荒地在法国提出了"时装大众化"的响亮口号。与这种创新精神相适应，皮尔·卡丹在经营上也采取了别人不曾采取过的营销方略。比如，当时一些拥有名牌商标的商人，为了防止自己的名牌"价值贬值"，严格、谨慎地使用自己的商标。而皮尔·卡丹则反其道而行之，他出售、转让自己的商标和品牌，从中分享利润。这种营销方式，一方面扩大了皮尔·卡丹及其产品的知名度，另一方面也给他带来了丰厚的利润。

在皮尔·卡丹的事业稳步向前发展的过程中，他从没有墨守成规、按既定的规矩办事，而总是在谋求新的道路、新的经营理念，始终以创新迎接市场的挑战。从1953年开始，皮尔·卡丹根据女性对时装的需求，在"时装大众化"的经销口号下，专门为女性设计生产了一系列风格高雅，质料、价格适中的女式成衣，受到了占人口大多数的社会中下层女性的欢迎。他的这种营销策略再一次为他赢得了更大的市场和声誉，一时间，他的产品供不应求。

他因女式成衣大众化惹了麻烦，但这件事也给了他很大的启发。他在女式服装领域制造了前所未有的风波，但在这场风波尚未平息的时候，他又把目光转向了男式服装领域。应当说，这一举措比他在女装领域的创新更大胆,更具有开创性。因为法国的传统一直认为,服装是女人的领地,服装是女人体现价值、体现美丽和魅力、取悦于男人、供男人欣赏的"外包装"。男人也有自己的服装,但不能和女装同日而语,更不能和女装等量齐观。在服装王国里,"半边天"的概念似乎是不存在的。这虽然不是戒条,但也很少有人愿意涉足男装领域。正因如此,涉足男装领域要"冒天下之大不韪",但同时这也是一个前景广阔的领域。原本设计女装的皮尔·卡丹推出了丰富多彩的男式服装系列。

皮尔·卡丹又一次在法国时装界制造了前所未有的轰动效应。在那些往日曾经是女装一统天下的服装橱窗里,男式服装争得了重要的一席之地,而且"地盘"越来越大。男性服装的风潮迅速在法国及欧洲其他国家蔓延开来。

综观皮尔·卡丹的奋斗历程,不难发现,他的成功正是其敢于张扬自己的个性,敢于标新立异的结果。

创新常常是置之死地而后生的产物,会带来阵痛,也会有牺牲。但是,只要我们学会冷静地思考,用"天下之事,因循则无一事可为,愤然为之,亦未必难"来启迪自己,用"智者不袭常"来引导自己,那么,我们所看到的就会是另一番景象。

对于青少年而言,因为大多数人还处在学习阶段,所以,很多人还没有形成真正的创造性思维方式,还停留在迷信书本、迷信老师、迷信权威、迷信传统、迷信规则的思考方式上,往往是老师讲什么,就被动地听什么、记什么,或者在解决问题时只会运用一般的、通常的方法来分析思考。

这无疑是最严重的思想禁锢,不但不利于我们的创新能力的培养,也很容易使人形成盲从和跟随习惯。

青少年必须清楚,当面对学习和生活中一些比较简单的问题时,传统与规则确实能起到提高工作效率的作用。但是,在一些较为复杂的问题上,传统与规则不但不能使问题得到圆满解决,而且还很容易让我们自设障碍,从而误入死胡同。

这时候,请把你的个性展现出来吧!

逆风飞扬,化劣势为优势

独辟蹊径才能创造出伟大的业绩,在街道上挤来挤去不会有所作为。

——布莱克

创新是一个迷人的字眼,有了创造,才确保了人的价值的所在。一个人要想做出一番特别的大事,必须敢于逆风飞扬,化劣势为优势。

著名的青年俊杰——邮票大王卢俊雄的成功源泉就在于此。

卢俊雄在读大学期间,就常常利用业余时间打工,他一心想成为像松下幸之助那样的成功人士。

经过反复思考后,卢俊雄决定经营邮票。但他并没有简单地模仿他人,而是采取了与别人完全不同的邮票经销方式。

他通过《集邮》杂志和邮票公司搜集了全国2万多个集邮爱好者的姓名地址,用卖贺卡赚的几千块钱办起了一份双面八开铅印的《南华邮报》，免费寄给这些集邮爱好者。在这份报里，一面是邮市信息，一面是邮票品种名称的目录。

他把这份邮报免费寄出了2400份，遍布全国各地。人们得到这份报纸，发现上面正是他们所喜欢的东西，当然都很高兴。也有人看到上面所刊出的邮票中有自己所缺的，价位也合理，就赶紧寄钱来购买。

可是卢俊雄的这些邮票是从哪里来的呢？

这又是他的一个妙想奇招。他在办这份报时就想好了这一步。他手里只有几千块钱，仅够办一份邮报的，而要购下大批的邮票等着读者来买，得付出多少钱？他根本出不起。

于是他就到一个邮票大户那里定了2万元钱的邮票，对那人说："你给我留两个月，我先交出2000元定金，如果我在这两个月里卖不掉一半，这定金我就一分钱也不要了。"

邮票商听他提出这样的交换条件，也就很爽快地答应了。

他对自己独特的邮票经销方式很自信。果然，第一份《南华邮报》发出后不久，卢俊雄陆续收到了集邮爱好者的反馈，有的要求代购，有的咨询有无自己所搜求的邮票品种。

局面一下子就打开了。仅用了一个月的时间,他就销出2万元的邮票。

有了第一步,接下去的路就顺了。他通过这些已有联系的集邮爱好者和其他渠道,又扩大了送报的范围,扩大了发行量。为此,卢俊雄在发行《南华邮报》第二期时,就雇了他的一些同学来帮忙,抄信封,装报纸,他那间宿舍变成了一个小小的作坊。

个人办邮报,免费赠送,这又是全国第一的纪录。到这一回,卢俊雄已有了好几次"第一"了。

等这份邮报出到第五期时,他已经能够在两个月中出3期报纸,而且每期的数量都在增加。从每份邮报的印刷成本到邮寄费用,他一共投入了20多万元钱!

后来他手里已经拥有了5万多个客户,这个巨大的数字,对于他来说,就是一大批最好的主顾。他的《南华邮报》在全国的影响也越来越大,就连创刊30多年的《集邮》杂志也看到了卢俊雄的能力和实际号召力,答应为他的《南华邮报》做一回广告。这可是它首次为邮票商而不是为邮票做广告。

《集邮》杂志的销售广告给卢俊雄带来了破纪录的销售额,当月,他的营业额达到了 30 多万元。在这种大好形势下,他承包了一个协会的一个部门,并在邮局租了一个信箱,由此他成了大陆第一个邮购商。

他在大学实习期间又做了一件与众不同的事。

当时,他与中华全国集邮联合会会刊《集邮》杂志的关系已相当密切,他请求《集邮》杂志的负责人为他做一回举办全国首届集邮通讯拍卖的广告。这可真是异想天开的举动,可是仔细一想,这也真是很有特色与吸引力的活动,在中国是第一次,恐怕在世界上也算是第一次吧。

《集邮》杂志还真的为他做了广告。结果这又是一次大成功。它为全国的集邮爱好者交换邮品提供了一个很好的机会。

1989 年大学毕业时,卢俊雄年仅 22 岁,但此时的他在生意场上已算得上是一个"老"人了。他走进社会,是他已经很熟悉的一块天地。

他注册了一个专门经营邮票的营业部。这是全国第一家集体所有制的邮品商行。他把这个正式的营业部冠名为"华隆邮票经营部"。

如今,卢俊雄的事业日渐昌盛,他个人也越来越成功。

青少年朋友也要学会逆风飞扬,寻找别人没有开辟、没有发现的领域创一个"第一",也可以像卢俊雄一样在别人已开辟的领域内脱颖而出,创一个与众不同的经营方式。

10

管理时间的能力
——拉紧生命的纤绳

哈佛告诉你

"谁从手上放走时间,谁就是放走自己的生命;谁把时间掌握在手中,谁就掌握着自己的生命。"这句话一语道破了时间的价值,换句话理解就是"浪费时间等于浪费生命"。可见,时间的分量绝非是用实在的东西去衡量的,因为时间是摸不着、看不见的,但是我们又被时间时刻包容着。

合理规划你的时间

正当地利用你的时间!你要理解什么,不要舍近求远。

——歌德

卡耐基建议奋斗者不妨列出一张时间管理的"master list"(总清单),也就是你必须要把当前所要做的每一件事情都列出来。

卡耐基提醒人们，在工作中，我们不需要一天到晚像个陀螺一样转个不停，而应着手对身边的事情有个较分明的安排，分清轻重缓急，一件一件地去落实，不要同时被几件事情纠缠得焦头烂额，慢慢地你会得心应手越干越好。你就会更轻松，也就更有效率了。

看看卡耐基先生一天的"master list"吧！

上午6:00～7:00，起床，散散步或长跑。

上午7:00～7:30，洗漱，吃早点。

上午7:30～8:30，走进办公室，整理办公桌。

上午8:30～11:30，办公，接待来访人员。

11:30～12:30，下班回家或进快餐店吃午饭。

午休、下午上班，处理事务。

晚上,看新闻电视节目,读书和写作。

23:00,准时休息。

卡耐基先生把自己的一天安排得井井有条,非常充实,这样时间的利用效率肯定特别高。

管理学大师彼得·杜拉克曾说过:"不能管理时间,便什么也不能管理。时间是世界上最短缺的资源,必须严加管理,否则就会一事无成。"

一个人的生命是有限的,能力、精神也是有限的,不可能将面对的每件事不分轻重、大小、缓急都统统做完,特别是一些无关紧要的、既耗精力又费时间的事情,如庸俗的应酬、没日没夜地打麻将,等等。孟子说:"人有不为也,而后可以有为。"因此,一个人置身于纷繁芜杂的世间万象中,就要排除其他干扰,专心致志地"有所为"。

利用时间是非常重要的,一天的时间如果不好好规划,就会白白浪费掉,就会消失得无影无踪,我们就会一无所成。成功与失败的界线在于怎样分配时间,怎样安排时间。人们往往认为,这几分钟,那几小时没什么用,其实它们的作用很大。对于每个成功的人来说,时间管理是重要的一环。时间是最重要的资产,每一分每一秒逝去之后都再也不会回头。因此,高效地利用你的时间是十分必要的。

那么如何才能让你的时间走上正轨呢?

1. 善于利用"生物钟"

根据许多学者的研究发现,按照人的心理、智力和体力活动的生物节律来安排一天、一周、一月、一年的作息制度,能减轻疲劳,提高学习成绩和工作效率。

以记忆力为例,一天24小时中有4个高潮期:

第一个高潮期是清晨6~7点,大脑已在睡眠中做完了对前一天所输入信息的"整理、编码"工作,暂时没有新信息干扰,此时记忆的印象最清晰。

第二个高潮期是上午8~10点,人体经过苏醒后几小时的轻微活动,精力进入旺盛期,大脑处理记忆材料的效率最高,是短期记忆的最佳时间。

第三个高潮期是傍晚6~8点,为长期记忆的最佳时间。

最后一个高潮期是晚上10~11点(或入睡前1~2小时),记忆以后随即入睡,不受新信息干扰,有利于大脑对所记忆的材料进行深加工。

至于大脑潜力发挥的时间段,则因人而异。通常可分为3类:一类是早睡早起型,此类人清晨精力充沛、思维活跃、灵感频生。二类是"夜猫子"型,他们一到夜深人静时,大脑皮质就进入条件反射下的最佳兴奋状态。三类是混合型人,占大多数,大脑潜力发挥的最佳时间段不很明显，一般在上午 10 点和下午 5 点左右较佳。

了解了大脑的生物钟运行规律，青少年不妨来个"对号入座"，看看自己属于哪一类型，并根据人体"生物时钟"刻度上的最佳时间，相应调整学习和工作时间，你将收到事半功倍的效果。

2. 计划时间

所有的足球教练都在赛前向队员细致周密地讲解比赛的安排和战术。这些事先的计划也并非一成不变，随着比赛的进行，教练一定会根据赛况做某些调整。但不可忽视的是，比赛开始前一定要做好计划。

你最好给你的每一天和每一周订个计划，否则，你就只能被迫按照不时放在你桌上的东西去分配你的时间，也就是说，你是完全由别人的行动决定你办事的优先与轻重次序的。这样你将会发觉你犯了一个严重的错误——每天只是在应付问题。

为你的每一天定出一个大概的工作计划与时间表，尤其要特别重视你当天应该完成的两三项主要工作。其中一项应该是使你更接近你最重要目标之一的行动。在每个周日按照这个办法定出下一周的计划。

3. 分配时间

英国教育家赫伯特·斯宾塞说："必须记住我们学习的时间是有限的。时间有限，不只由于人生短促，更由于人事纷繁。我们应该力求把我们所有的时间用来做最有益的事情。"

"好钢用在刀刃上"，在有限的时间里优先办理重要的事情，时间的利用率就很高。反之，如果把大部分时间用在琐碎的事情上，时间的利用率就很低。

聪明人往往会抓住重点、远离琐碎。青少年最好也能把本年度的目标写出来，找出一个核心目标，并依次排列重要性，然后开始用自己80%的时间来做20%最重要的事情。这样才能一步一步地把事情做得有节奏、有条理，达到良好结果。

4. 附加条件

为了掌握恰到好处地处理时间的艺术，请试着遵守以下几点建议：

（1）不断提醒自己，掌握好时间在做事时具有重要意义。

（2）和自己定一些条约，那就是当你被愤怒、恐惧、嫉妒或者怨恨的漩涡所驱使时，千万不要做什么或者说什么。

（3）加强自己的预见能力。未来并不是一扇永远关着的门，大多数将要发生的事都是由正在发生的事所决定的。

（4）学会忍耐。一个人必须明白，过早的行动往往是欲速则不达的。

（5）学会做一个局外人。以一个局外人的角色去了解其他人是怎样看问题的。

青少年若要成为时间的主人，就要合理规划你的时间。这样才能拉长时间的弹性，才能有更多的时间去干自己想干的事。

科学计算时间，用好二八法则

勤勉，不浪费时间；每时每刻做些有用的事，戒掉一切不必要的行动。

——富兰克林

雷巴柯夫曾经说过："时间是个常数，但对勤奋者来说，则是个变数。"要科学地支配时间，时间管理者就必须彻底清除含糊不清、陈旧的计时单位和计时方法。诸如"一会给你打电话""走了一会啦"，等等。这些表示时间的单位和方法，写小说可以，作为生活习惯就不适合了。一顿饭可以吃10分钟，也可以吃2小时，甚至更长，用"吃顿饭的时间"来描述时间长短是极不准确的。这些含糊不清的时间概念，在高科技时代必须彻底丢弃。

200多年前俄罗斯军事家苏沃洛夫曾说，"一分钟决定战斗结局，一小时决定战局胜负""我不是用小时来行动，而是用分钟来行动的"。战争如此，任何事亦需如此。

现代社会对时间的计算要求越来越精确。现在所用的雷达测距、测速，核潜艇的导航，多弹头导弹的制导，允许误差不得超过百万分之一秒。飞往火星的飞船在时间计算上假如有千分之一秒的误差，飞船就会偏离轨道15千米。因此在高科技领域里，计时出现了毫秒、微秒、毫微秒、微微秒。

法国哲学家爱尔维修说得好："实际上，大多数人的幸福或不幸，主要区别于这10个或12个小时使用得是否巧妙。"精确地计算时间，可以杜绝时间使用上的无计划状态，可以堵住浪费时间的漏洞，可以把全天每个环节富余下来的分分秒秒的零碎时间，拼接成大的"时间板块"去做更有价值的事。节约了时间就等于创造了时间，赢得了时间就等于赢得了主动。成功者与失败者的区别也就在这里。

爱迪生从小就对很多事物感到好奇，而且喜欢亲自去试验一下，直到明白了其中的道理为止。

长大以后，他就根据自己这方面的兴趣，一心一意做研究和发明的工作。他在新泽西州建立了一个实验室，一生共发明了电灯、电报机、留声机、电影机、磁力析矿机、压碎机等总计2000余种东西。爱迪生的强烈研究精神，使他对改进人类的生活方式做出了重大的贡献。"最大的浪费莫过于浪费时间了。"爱迪生常对助手说，"人生太短暂了，要多想办法，用极少的时间办更多的事情。"

一天，爱迪生在实验室里工作，他递给助手一个没上灯口的空玻璃灯泡，说："你量量灯泡的容量。"他又低头工作了。

过了好半天，他问："容量多少？"他没听见回答，转头看见助手拿着软尺在测量灯泡的周长、斜度，并拿了测得的数字伏在桌上计算。他说："时间，时间，怎么费那么多的时间呢？"爱迪生走过来，拿起那个空灯泡，向里面倒满了水，交给助手，说："里面的水倒在量杯里，马上告诉我它的容量。"助手立刻读出了数字。

爱迪生说："这是多么容易的测量方法啊，又准确又节省时间,你怎么想不到呢?还去算,那岂不是白白地浪费时间吗?"助手的脸红了。

爱迪生喃喃地说:"人生太短暂了,太短暂了,要节省时间,多做事情啊!"

这个故事告诉我们一个道理,人生的意义就是抓紧时间做事。

有一个"剪时间尺"的游戏可以阐明人生就是时间的意义,很通俗,也非常形象。

首先,你要准备一把80厘米长的软尺。假如你有80岁寿命,那么每1厘米就代表1年,1~20岁可能是你不能自主的,截下不谈。现在你的软尺有60厘米,表示你20~80岁的时间。你60~80岁这20

年是老年时期，处于半退休或退休状态，所以你可以用剪刀把软尺上表示你60~80岁20年时间的20厘米剪去。现在你的软尺只剩下40厘米——你一生的黄金时间。

一般人平均每天睡眠8小时，一年365天，一年平均的睡眠时间约是三分之一，40年中睡眠时间是13年，软尺便剩下27厘米。

一般人每天早中晚三餐，平均需要2.5小时，一年大约用去912小时，40年便是36480小时，相当于4年时间。所以请你把软尺剪去4厘米，现在的软尺还剩下23厘米。

在交通上，如今一般人每天用于交通的时间平均为1.5小时，现在你问一问自己每天用在交通方面的时间有多少？如果答案是1.5小时，40年便是2.19万小时，等于2.5年。请你在软尺上剪下2.5厘米，现在软尺剩下20.5厘米了。

如果你每天用于与朋友聊天闲谈、打电话的时间，或平时闲聊的时间是1小时，40年就用去了1.46万小时，等于1.5年，那么现在你的软尺应该剩下19厘米。

此外，据统计，一般人平均每天花在看视频上的时间接近3小时，而一些事业有成的社会精英则每星期少于1小时。假设你每天平均看视频3小时，40年所用去的时间就是4.38万小时，亦即等于5年时间。请你在软尺上剪去5厘米，现在剩下来的应该是14厘米。也就是仅有14年时光。

上述计算方法很精准，对一般人而言并没有夸大其词。试问：以这短短14年时光去养活自己80年的人生，可能吗？

答案是不可能的。这个游戏告诉我们：人生就是时间，能够精确地计算时间，合理地利用时间，才能把握人生存在的价值。

时间就像海绵里的水

> 时间是由分秒积成的，善于利用零星时间的人，才会做出更大的成绩来。
>
> ——华罗庚

时间到底是什么呢？时间对于不同的人有不同的意义。对于活着的人来说，时间是生命；对于从事经济工作的人来说，时间是金钱；对于做学问的人来说，时间是知识；对于无聊的人来说，时间是债务；对于青少年来说，时间是财富，是资本，是命运，是千金难买的无价之宝。

那么如何才能使自己拥有更多的时间呢？

1. 善于利用零碎的时间

成功的时间管理者能把任何一个空闲时刻都利用起来。

将利用零碎时间养成一个习惯，就是在衣袋里或手提包里，经常不忘携带一些东西，如图书、笔和小记事本，这样你就可以在排队时，在候机时，在乘公交车上下班时，不会无所事事地空耗时间了。"集腋成裘""聚沙成塔"一样适用于时间。

零碎时间的利用也包括用一些"非正规"的时间去做一些事。例如上洗手间，据说国外有一位首相就是利用"如厕"时间学习英语的。他每次从英语词典上撕下一页，然后进卫生间。上完卫生间，这一页也读完、记住了，于是把这一页送入下水道。他就是这样学完了一大本英语词典的。

2. 少说废话

名人之所以能成为名人，伟人之所以能成为伟人，有一个共同特点，那就是他们都能很好地运用自己的时间，他们都懂得一切从现在做起的道理。

在时间的运用上，成功人士非常认真地对待每一分每一秒，尤其是当前的时间利用，而不是将时间用在说许多的大话、空话或者是无望达到的计划上。

3. 挤出点滴时间

时间对于每个人来说都是公平无私的，只要你愿意，就能挖掘出更多的潜在时间，扩大时间的容量，用挤出来的时间去实现更高的梦想。

我们每天只要挤出微不足道的 1 分钟，一年就可以挤出大约 6 小时的时间。如果每天能挤出 10 分钟，那就是相当可观的一个数字了。一周工作 5 天，每天工作时间为 8 小时，而一天中再挤出 10 分钟，那么一年就可以增加 5 天多的工作时间。再者，即使再忙，每天可支配的零星时间也至少有 2 小时。如果你从 20 岁工作到 60 岁退休，每天能挤出 2 小时，有计划地从事某一项有意义的工作，那么，加起来就可达到 29200 小时，即 3650 个工作日，整整 10 个年头！这是一个多么诱人的数字。难怪发明家爱迪生在他 79 岁时，就宣称自己是 135 岁的人了。由此可见，时间的弹性是很大的，只要我们善于挤时间，便能大大增加时间的容量。

4.灵活应用松散时间

这里所讲的松散时间,是指人们的大量工作时间处于很松弛的时候。比如学习的压力不大,那么这种情况下就应当考虑如何有效利用这些时间。

比如,刘小姐在行政机关单位上班,她每天的工作就是接一接电话,分发报纸信件,以及通知别人各有关事项。工作虽然轻松,但时间却不能少花,每天早晨8点半钟就要上班,12点按时下班。下午2点上班,一直到6点才下班。

对于刘小姐来说,这些工作量不大,做起来不很费力气。真正把工作量压缩起来,一两个小时就能做完。但是,行政机关的工作性质决定了她必须按点坐班。另外,随时都可能有电话来通知事情。这样刘小姐只能寸步不离地待在办公室。

为了有效地利用好这些空闲的时间,刘小姐在工作不受影响的情况下,学习了自学考试的课程,在2年的时间内就拿下了大学本科考试的毕业证。

在人们的一天工作或生活中,不可能每时每刻的时间都处于紧张的状态。根据人们从事的工作,有的需要集中精力,注意力高度紧张,才能完成。而有的工作不需过于集中精力,只要稍微注意即可。而且在一天的工作中,每个时候的工作要求也是不一样的,你可以适当放松一下,那么,这些松散时间就要合理安排。

抓住机遇的能力
——扼住命运的咽喉

哈佛告诉你

所罗门说过:"智者的眼睛长在头上,而愚者的眼睛是长在脊背上的。"智者的眼睛寻找机遇,愚者的眼睛放弃机遇,所以智者成功,愚者失败。机遇就像夜空中偶然飞逝的流星,它虽然只是滑过天际,但任何星光都无法夺走它灿烂的光辉,它稍纵即逝,犹如白驹过隙,但却永驻光彩。

机遇偏爱有准备的人

要想抓住风驰电掣的机会,不仅要做好物质上的准备,更重要的是做好精神上的准备。

——塞涅卡

天下没有免费的午餐,机遇总是偏爱那些有准备的人。说这句话并不表示机遇是有私心的，机遇的存在是客观的，它并不会因为人的善恶而改变。机遇是普遍存在的，如果有人早已做好了迎接机遇的准备，那机遇也就不会与之擦肩而过。机遇不会从天而降，需要自己去争取，去创造，如果你背着双手，一动不动，机遇也就落到地上了。

1861年，门捷列夫担任圣彼得堡大学的教授。在编写新的无机化学教科书的章节时，他遇到了难题，按照什么次序排列化学元素的位置呢？

为此，门捷列夫迈进了圣彼得堡大学的图书馆，在数不尽的卷帙中逐一整理以往人们研究化学元素分类的原始资料。他还把所有的元素名称、化合物的化学式和主要性质分类写在纸卡片上，每天皱着眉头玩"牌"，夜以继日地思考着……

冬去春来，有一天，他又坐到桌前摆弄着"纸牌"，摆着，摆着，他像触电似的站了起来，然后迅速地抓起记事簿在上面写道："根据元素原子量及其化学性质的近似性试排元素表。"

就这样，门捷列夫于1869年2月底，发现了化学元素具有周期性变化的规律，为世界化学史留下了划时代的一笔。

门捷列夫在63个孤零零的元素中找到了联系和变化的规律，发现了影响深远的元素周期律。对此，很多人都会得出这样的结论：他的发现和发明，完全得益于偶然的机遇和灵感。

可是，"冰冻三尺，非一日之寒"。虽然科学发明、创造的成果似乎有时"得来全不费工夫"，但它却是"踏破铁鞋"的必然结果。

正如门捷列夫的回答:"这个问题我大约考虑了20年,而你却认为坐着不动,5个戈比一行,5个戈比一行地写着,突然就行了。事实并非如此!"

如果有人把门捷列夫发现元素周期律归结到偶然性因素上的话,那么,我们只能说,即便成功确实有偶然性,这种偶然的机会也只会垂青那些有准备的人。

有的人一味地把自己的不如意归结为"运气不好",这只是给自己的疏懒找个借口。如果你在失败者的队伍中询问他们失败

的原因,他们中的大多数人将会说,他们之所以失败,是因为没有机遇,没有人帮助、提拔他们。他们会说,优秀的人太多了,高等的职位已被别人占据,一切好的机遇都已被别人捷足先登,所以他们毫无机遇了。

能够成功的人却不会如此推脱。他们默默地工作,从不怨天尤人;他们稳扎稳打,不指望别人的帮助,他们依靠的是自己。

有人甚至将等待机遇当成一种习惯,这真是很可怕的事。工作的热情与精力,就在等待中逐渐消磨。那些不肯工作而只会胡思乱想的人是根本看不到机遇的,只有那些勤恳工作奋发向上的人,才有看见机遇的可能。

在平常的生活中,也许已经有许多机遇在等待着我们,或许机遇就在眼前,或许在你的问题当中就隐藏着一个机遇,只是你一直忽略了它们。

你不妨从身边开始,找寻下一个成功的机遇,或是把握住现在的机遇,把它做到最好。

一件事情的成功,都需要天时、地利、人和,若能早做准备,做充分的准备,到时候一定会有"天助"的机遇来临。

青少年朋友都应该在平时做好准备,机遇不是上天无故的恩赐,而是给有准备之人的最美的礼物!

青少年要做好的准备包括以下几个方面:

1. 创新意识

机遇是意外的、异常的,因而用常规方法解决机遇问题很困难。这就需要有创新意识,寻求新的对策和方法。

2. 判断力

在人们发现的机遇中，并不是每一个意外情况都有价值，都值得探索，都有成功的希望。这就需要准确判断，从各种机遇中抓住有希望的线索，抓住有价值、有潜在意义的线索。这一点对于确定是否进一步跟进机遇所提供的线索有决定性意义。

3. 观察力

具有敏锐的观察力，才能及时捕捉到看起来微不足道的偶然事件。

4. 事业心

只有把自己的思想和行为与事业紧密相连的人，才有可能把机遇与发展事业、搞好工作联系起来，为了事业而刻意求索。

头脑的准备，不仅是心理、意识的准备，而且还包括经验和知识的准备。因为处理机遇很难像一般事务那样有计划、有目的、有步骤，而主要是凭自身的经验、知识的积累进行决策，因此你必须有丰富的经验、渊博的知识内容与合理的知识结构。这样，在机遇出现时，才能触类旁通，引起注意，连续思考，做出判断。

现代社会竞争日趋激烈，一个有利机遇往往被几个人同时捕捉。在这种情况下，究竟谁能把捕捉到的机遇利用起来，就要取决于实力的对比和竞争了。

因此，要取得随机决策的成功，机会和实力两个条件缺一不可。"机遇只偏爱有准备的头脑"，这是一句早为人们所稔熟的名言，其中所包含着的朴素真理一次次为实践所证实。要想牢牢抓住机遇，就为机遇的来临做好准备吧。

充实自我,迎接挑战

人在开始做事前要像千眼神那样视察时机,而在进行时要像千手神那样抓住时机。

——巴尔扎克

著名剧作家萧伯纳曾说过一句非常有哲理的话:"人们总是把自己的现状归咎于机遇,我不相信机遇。出人头地的人,都是主动寻找自己所追求的机遇,如果找不到,他们就去创造机遇。"在现实生活中,我们经常会听到一些人埋怨自己运气不好,怨天尤人。

青少年应该从小就远离这种人,积极充实自我,随时准备迎接机遇的降临。充实自我,应该从以下几方面入手:

1. 做好知识的积累

有些青少年空叹机遇难求,可是他们平时脑子里空空如洗,再好的机遇也只能让它悄悄溜走。

综观古今中外杰出人物的成功史,我们不难发现:机遇的到来是平时知识的丰厚积累、做事刻苦勤奋的结果。

每一位青少年都应该抓紧时间刻苦学习,以扎实丰厚的知识储备全面提高自己的素质和能力,这样才能更好地把握机遇,才能不断提高成功的概率。

2. 提高自我素质

(1)积极进取。做事采取主动,走在别人的前头;凡事多出一份力，多走一步路；令事情发生，而不是等待事情发生；尝试一切方法，把工作做到最完善。

（2）乐观。多往好处想，懂得激励自己；不被困难吓倒，反而在困难、挫折中寻找机遇，化弱点为优点；深信艰辛日子终会过去，前途将会更灿烂。

（3）成就感。确立事业方向，制定目标，然后全力以赴，力求达到目标，争取成功。这是一种"我做得到"的自豪感。

（4）自信。相信自己只要拼搏苦干，便能够应付困难，完成任务；相信自己只要肯苦干，环境就会改善，对自己有利。

（5）态度开放。不随便或胡乱排斥新思想、新作风，相反，能够广泛吸收新知识，容忍不同意见、风格，吸取对自己有用的材料。

（6）创新。有目标地求变、求新；承认自己有不足的地方，敢于改善，并不胡乱排斥旧东西，敢于尝试新方法、改变方向，寻求更有效的做事方法。

（7）冒险。在苦干、探索阶段，能够忍受种种不确定的因素；经过周密的形势分析，相信对自己有利的条件即将出现，于是不管路上有多大障碍也要勇往直前。

（8）要锻炼出敏锐的洞察力和思维能力。大多数青少年在念书时成绩都很优异，但后来的成就却与成绩相差悬殊。原因就是有些青少年一天到晚都在学习书本知识，而不注意培养自己的洞察力和思维能力，当面对新出现的复杂问题时，总是一筹莫展，或者粗心大意，结果与机遇擦肩而过，丧失取得成功的机会。

所以，每一个青少年不仅要尽可能地学习广博的理论知识，还要在学习中不断地锻炼自身敏锐的观察力、准确的判断力、丰富的想象力和科学的预见力，从而提高自身的综合素质。

这样，我们就会在复杂的情况下及时发现和正确利用机遇，在为社会做贡献的过程中发展自己的事业，实现自己的人生价值。

就像著名数学家华罗庚说的那样："科学的灵感，绝不是坐着可以等来的。如果说科学上的发现有什么'偶然的机遇'，也只能给那些学有素养的人，给那些善于独立思考的人，给那些具有锲而不舍精神的人。"

每一个青少年都应该在平时努力提高自身，苦练"内功"，时刻充实自己，迎接挑战！

人际交往的能力
——搭上成功的顺风船

哈佛告诉你

拿破仑·希尔曾经说过一句名言:"生活是一门艺术,人际关系是一门课程。朋友是人生的寄托,是道义的援助,只有付出真诚才能换得友谊。同别人合作的过程也就是和别人交朋友的过程,只有忠于朋友,重视友谊,才能赢得尊重和支持。"

人际交往,魅力无穷!

真诚才能赢得信任

人生离不开友谊,但要得到真正的友谊却是不容易的。友谊总需要忠诚去播种,用热情去灌溉,用原则去培养,用谅解去护理。

——马克思

在交际的场合中,尤其是当我们遇到了陌生的朋友时,真诚坦白是我们打开友谊之门的钥匙。碰到陌生人，与其躲躲闪闪地畏首畏尾，不如索性大大方方地主动出击。那种爽直、大方的人，往往易于使人亲近，受人欢迎，也就更容易赢得别人的信任。

人与人之间，无论是陌生关系还是朋友关系，无论是亲人还是客人，都应该相互坦诚。因为坦诚高于人性其他方面的一切品质！但要如何才能获得别人的坦诚呢？答案是，只有坦诚才能换来坦诚！

一直以来，河南的杜延用都在试图把煤推销给一家大型连锁公司。然而，那家连锁公司始终使用另一个地方的煤。

在一次辩论中，杜延用答应了站在连锁商店一方进行申辩。于是，他到他曾经痛恨的连锁公司，去会见一位部门经理。见面后，他说："我到这里来，并不是向你们推销煤的。我只是来请求你们帮我一个大忙。"接着他把辩论的事情跟对方详细地说了一通："我是来请你们帮忙的，因为我想不出还有什么人能够比你们更能提供我所需要的资料了。我非常想赢得这场辩论。对于您的任何帮助，我都感激不尽。"

刚开始，杜延用请求对方给自己5分钟时间，对方答应了。当杜延用说明来意后，对方就请他坐了下来，并谈了将近3小时。最后，对方请来一位曾经写过一本有关连锁商店的书的高级文员，让杜延用与他交谈。经理还写信给全国连锁组织公会，为杜延用要了一份他需求的资料。这对杜延用的辩论将帮上很大的忙。

为什么连锁公司经理会如此尽力帮忙呢？因为当杜延用说"我认为连锁商店对人类是一种真正的服务""我以我为数百个地

区的人民所做的一切而感到自豪"时，连锁公司经理已经坦诚地赞同他了。而这种赞同，完全是发自内心的。

当杜延用走时，经理送他到门外，并预祝他辩论得胜，还诚邀他以后再来做客，把辩论结果告诉自己。最后，他还说了这样一句话："请在秋末时再来找我，我想签下一份订单，买你的煤。"

杜延用有点惊讶，因为在整个交谈过程中，他们的谈话中没有提及半个"煤"字。

在生活中，我们要经常站在别人的角度去为别人讲几句话，我们要经常主动地去理解别人，真诚地认同别人的观点。即使对方的观点很另类，或者与现实脱节，我们也没有必要凭着自己的主观意见，去指责或说教对方。

当我们坦诚地关注别人时，才会获得别人的信任和支持。

1969年，美国著名的心理学家约翰·安德森在一张表格中列出了500多个描写人的形容词，他邀请近6000名大学生挑选出他们所喜欢的做人品质。调查结果表明，大学生们对做人品质评价最高的形容词是"真诚"。在8个评价最高的候选词语中，其中6个和真诚有相近的意义，它们是：真诚的、诚实的、忠实的、真实的、信得过的和可靠的。大学生们对做人品质评价最低的词是"虚伪"。在5个评价最低的候选词语中，其中有4个和虚伪有关，它们是：说谎、做作、装假、不老实。

约翰·安德森的这个调查结果在人际交往中具有普遍意义。生活中我们总是喜欢真诚、信得过的人，讨厌说谎失信的人。日本著名的佛学大师池田大作说："一个诚实的人，不论他有多少缺点,同他接触时,心神都会感到清爽。这样的人,一定能找到幸福,在事业上有所成就。这是因为以诚待人,别人也会以诚相见。"一个人只要真诚地待人,保证自己的信用,就容易获得他人的信任,甚至有的朋友可能会为你的真诚去牺牲他的宝贵财富。

青少年朋友从小就应该对人真诚坦白,用你的真诚去唤醒更多的朋友,你的社交面也就越来越广,你成功的概率也就更大。

学会赞美别人

时时用使人悦服的方法赞美人,是博得人们好感的方法。记住,人们喜欢别人加以赞美的事,便是他们自己觉得没有把握的事。

——卡耐基

赞美别人是一种有效的情感投资,而且投入少、回报大,是一种非常符合经济原则的行为方式。对领导的赞美,能让领导更加赏识与重用你;对同事的赞美,能够联络感情,使彼此愉快地合作;对下属的赞美,能赢得下属的忠诚,换得他们的专心工作和创造精神;对商业伙伴的赞美,能赢得更多的合作机会,赚得更多的利益;对妻子或丈夫的赞美,能使夫妻关系更加甜蜜;对朋友的赞美,能赢得崇高的友谊。

因为人类有一个共同的弱点,那就是爱慕虚荣。在做没有多大把握的事情时,人们往往极乐意看到自己在这些事情上表现不凡,获得别人的称赞。当你对他们这些没把握的事情中的任何一件加以赞扬时,都会产生你所期望的功效。

林肯曾经说过:"一滴甜蜜糖比一加仑苦汁能捕获到更多的苍蝇。"

人不分男女,无论贵贱,都喜欢听合其心意的赞美。而这种赞美能给他们加倍的自信。看来,赞美的确是感化人的有效的策略。

赞美的话并不费劲,却能成就大业。我们要下定决心努力对自己的亲人、朋友甚至每一个人加以赞美,并把它变成一种习惯。

卡耐基提醒我们:说句好话轻而易举,只要几秒钟,便能满足人们内心的强烈需求。注意看看我们所遇见的每个人,寻觅他们值得赞美的地方,然后加以赞美吧!

这是卡耐基对我们的忠告,也是人际交往的最强守护神。

莎士比亚曾说:"赞美是照耀我们心灵的阳光,没有它,我们的心灵就无法成长。"

丘吉尔曾说:"你要别人具备怎样的优点,你就怎样去赞美他。"

威廉·詹姆士曾说:"人性深处最深切的渴望,就是渴望别人赞美。"

因此,善于用欣赏的眼光去欣赏别人的优点、长处,然后真诚地而不是虚伪地给以赞美,这才是我们正确地与人相处之道。

我们不妨在生活实践中,看看这样做将产生什么样的结果。

约翰小时候又调皮又可爱,长大后在战场上壮烈牺牲,成了一位烈士。人们在检查他的遗物时发现他的内衣口袋里有一张沾着鲜血的纸片,这是一张记满了约翰各种优点的纸片。小学时,约翰特别调皮,但班主任并没有对他放弃不管。班主任知道,要真正使一个调皮的孩子发生变化,重要的不是寻找他的问题,那样会适得其反,而是能发现他的优点,甚至用放大镜放大的方式,使他细微的优点更清晰可见。于是班主任发动全班同学,让每个人都说出约翰的一个优点,然后由约翰自己一一记在纸上。没想到就这样一张纸片,他一直珍藏在自己的衬衣口袋内,直到生命的最后一刻,鲜血将它染红。

　　看了这则故事之后,如果将你在背后抱怨的话,改成赞美的话,你会发现快乐会像一个回力球般弹回你的身边。

　　在世界上所有的道路中,心与心之间的道路是最难行走的。人人都在追求利益,可他们却找不到通往心灵的方向。其实走进他人的心灵有时是轻而易举的,路标就是真诚地赞赏他人。

　　佛罗伦兹·齐格飞是百老汇最出色的歌舞剧家,具有一项"使美国女孩增添光彩"的超绝能力。好几次,他把原本没有人愿意多看一眼的平凡女孩,变成千娇百媚、风情万种的舞台明星。他深知赞美和信心的价值,常用殷勤、体贴打动女士们的心,使她们相信自己确实美丽。他十分看重现实,把歌舞女郎的周薪由30美元升到175美元;他也很浪漫,首演之夜,必致电给主要明星,还送每个歌舞女郎一大束红蔷薇。

　　其实,对人的精神鼓舞同每天都需要进食一样重要。

　　我们会照顾父母,甚至朋友的身体,但是我们可曾照顾过他们的自尊?我们给他们牛肉、鸡蛋,以使之补充体力,但是,却忽略了感谢他们的言语。

我们在日常生活中，常常会忽略赞美他人的美德。当朋友做了第一个蛋糕或做了一只蝈蝈笼时，我们忘了鼓励他们；当朋友取得好成绩时，我们也忘了称赞他们……

如何赞美别人呢？

1. 动机要真诚

我们赞美一个人，因为这个人的确有值得我们赞美的地方，而我们赞美的本身，是对别人的膜拜和钦佩。从动机上讲，需要的是纯真；从态度上看，需要的是诚恳。如果我们不是出于真诚，而是虚情假意，人家会怀疑我们居心不良。

2. 时间上要及时

生活当中，同学、朋友或家人的优点，随时都可能显现。所以，一个会赞美别人的人，总是能抓住时机，奉献赞美，赢得对方和在场者的好感，起到一种征服人心的效果。当你放学后走进家门，看见妈妈已先到一步，已经为你准备好晚餐，你只要欢喜地望她一眼，说一句"今天的菜看着就好吃，我都看饿了"，她一定会心花怒放的。倘若你吃饱之后，才说一句"你今天回来的真早"，那样的效果已经是雨后送伞了，她还能感受到你当时就有的那份高兴吗？

3. 程度上要恰当

赞扬对方的关键是要实事求是，恰当的赞美，是极有分寸感的。赞扬一个人时，要把握住以下分寸。首先，内容上要适度。赞扬一个人，不要乱说一气，任意夸大情节，评价失衡，给小人戴大帽子，那样是难以起到赞扬的正面效果的。其次，方式要适宜。人与人是各不相同的,赞扬要因人而异。最后,频率要适中。

4.内容要巧妙

赞扬的形成,在于一般双方都是面对面的,所以内容要具体,对象上要分明,有时尽管不直接涉及你所要赞美的客体,但对方早已知道你所指的是什么了。

学会宽容,不要太苛求完美

让我们尽量相信,每一个有缺点的人都有他值得同情和原谅的地方。一个人的过错,常常并不是他一个人所造成的。

——罗兰

一个人若能对别人宽容,肯定会受人尊敬和欢迎的。

正如一句话所说:"原谅别人,才能释放自己。"借着宽恕,你释放了心牢里的犯人,而那个犯人,可能就是你自己。一旦你能舍得过去的一切,是福也好,是祸也好,让它们如烟消云散般飞去,原谅一切,这将会为你打开新局面。

美国第三任总统杰弗逊与第二任总统亚当斯从反目为仇、恶言以对到宽容友好相处就是一个生动的例子。

杰弗逊在就任前夕想前往白宫告诉亚当斯,他希望针锋相对的竞选活动并没有破坏他们之间的友谊。但据说杰弗逊还未来得及开口,亚当斯便咆哮起来:"是你把我赶走的!是你把我赶走的!"从此两人成为陌路人,直到后来杰弗逊的几个邻居去探访亚当斯,这个倔强的老人仍在诉说那件难堪的事,但接着毫无遮掩地说出:"我一直都喜欢杰弗逊,现在仍然喜欢他。"邻居把这话传给了杰弗逊,杰弗逊便请了一个彼此皆熟悉的朋友传话,让亚当斯也知道他的深重友情。后来,亚当斯回了一封信给他,两人从此开始了美国历史上最伟大的书信往来。

宽容意味着理解和通融,是融合人际关系的催化剂,是友谊之桥的凝结剂。宽容还能将敌意化解为友谊。

是啊,心中装满了宽容,就会与人方便。与人方便就是与己方便,成功路上的坎坷也就会少一点。而事实上,很多人往往因为一点小小的利益与别人发生矛盾,甚至大打出手,不仅破坏了良好的人际关系,也影响了事业的发展。所以,无论是在日常生活中,还是在工作岗位上,每个人都要宽以待人。不懈地履行这个信条,对自己的未来一定会有所帮助的。

父亲死了,家属们从父亲的人寿保险中获得了2万美元。母亲认为这笔遗产会给贫困的家庭带来大转机,希望住进乡间一栋有园子、

可种花的房子。

聪明的儿子则想利用这笔钱，去实现念医学院的梦想。

然而女儿提出了一个难以拒绝的要求。她乞求获得这笔钱，好让她和"朋友"一起开创事业。她告诉家人，这笔钱可以让她功成名就，并让家人的生活好转。她答应只要取得这笔钱，她将补偿家人多年来忍受的贫困。

母亲虽感到不妥，还是把钱交给了女儿。

不难想象，她的"朋友"很快带着钱逃之夭夭。失望的女儿只好带着坏消息，告诉家人未来的理想已被偷窃，美好生活的梦想也成为泡影。弟弟用各种难听的话讥讽她，对姐姐生出无限的鄙视。

当他骂得差不多时，母亲插嘴说："我曾教过你要爱她。"儿子说："爱她？她已没有可爱之处了。"母亲回答："总有可爱之处的，你若不学会这点，就什么也没学会。

你为她掉过泪吗？我不是说为了一家人失去了那笔钱，而是为她，为她所经历的一切及她的遭遇。孩子，你想什么时候最应该去爱人？当他们把事情做好，让人感到舒畅的时候？若是那样，你还没有学会爱；在他们最消沉，不再信任自己，受尽环境折磨的时候，去爱他！孩子，衡量别人时，要用中肯的态度，要明白他走过了多少高山低谷才成为这样的人。"

天地间有阴有阳,生活中有欢乐有悲伤。万事万物都不是孤立的,万事万物的相依相伴、相生相克就是宽容。

为了维护良好的人际关系,你的一言一行都要为对方的感受着想。学会安抚对方的心灵,学会在别人面前谦让,不可以使对方产生相形见绌的感觉。与此同时,自己也会因宽容大度有一个极好的心情。

对人宽容应该是由内外因素混合促成的,有的人天生就一副好脾气,而有的人则在后天的环境中培养出来。世上大多数人都不能真正做到宽以待人,如何培养不妨参考3点建议:

1. 接受他人的观点

不要实行独裁的判断,允许并能接受别人的建议和意见,让他们为自己做好参谋。

2. 对伤害了自己的人表示友好

在我们处世的原则中,实行"对事不对人"的信条,对侵犯了自己的人不要过度斤斤计较,用友好的心态去感化他。

3. 发现和承认他人的价值

每个人都有自己的优点,所以我们在看人时不能以固定的观点"一叶障目"地审视别人,要以一颗谦虚的心发现和承认他人的价值。

青少年朋友,宽容别人也是在宽容自己,在多一个朋友和多一个仇人之间,聪明人都会选择前者!

13 卓越的领导能力
——出类拔萃，凝聚人心

哈佛告诉你

领导能力，不只是现任的领导者才应具备的能力，也是每个将来需要进入社会工作的人都应当具备的能力。掌握一些领导技巧可以为走入社会做好准备，为事业的成功赢得时机。

领导能力让你更出色

一个本领超群的人，必须在一群劲敌之前，方才显出他的不同凡俗的身手。

——莎士比亚

有一个著名的古代寓言：春秋时，一位晋国人想到南方的楚国去，他的马够快，车够结实，带的粮食也够多，可惜，他的方向错了，南辕北辙，结果愈行愈远。

现实中很多人就像这个晋国人一样,不是没有行动的能力,而是找不到正确的前进方向。当大家为何去何从不知所措时,领导的作用就显现出来了。

身为领导者,有着超乎一般的远见卓识,他的任务就是告诉追随者们应该朝哪个方向前进;应该选择哪一条路;在这条路的前方,有怎样的风险和利益……在必要的情况下,他还应该走在队伍的前面。在大家四顾茫然的关键时刻,一声"跟我来",就像一支"强心针",能使团队士气大振,并凝成一股强大的冲击力。

追根究底,领导者的远见卓识,不仅在于为追随者指明应该前进的方向,更重要的是,应将追随者引导到他们希望去的地方。这就是说,领导者的领导目标应符合团队价值观,也就是所谓的顺民意、得民心。孙子说:"道者,令民与上同意者也,故可以与之死,可以与之生,而不畏危。"追随者不可能仅仅为领导者的个人目标而奋斗,只有上下目标一致,追随者才能跟随领导者出生入死,不避艰险。例如,毛泽东提出"打土豪、分田地"的口号,使饱受土豪劣绅欺诈的贫民出身的士兵觉得不是在为他人打仗,而是在为自己和自己的苦难同胞打仗。他们怀着对未来的憧憬,充满了"革命热情"。即使在最困难的时期,他们仍然紧紧追随毛泽东,爬雪山、过草地,突破无数雄关险隘,战胜重重困难,完成了二万五千里长征。

1778年,拿破仑离开欧洲。在这之前,他结交了两个真正的朋友:一个是大银行家罗洛托,一个是巴黎卫戍军首领卡特伯。

罗洛托和卡特伯都深信拿破仑这头"科西嘉雄狮"终有一天会带领法国走向辉煌。

拿破仑也非常尊重他们,认为自己和他们的关系"不仅仅是在利益上的结合",而是"我们是相互尊重,相互信任,能够鼎力相助的密友"。

这两人在拿破仑发动政变时起到了极大的作用。

拿破仑在1799年回到巴黎时,罗洛托游说其他金融界的朋友给他提供了大量的金钱,而卡特伯则举兵响应他。拿破仑因此登上了法国王座。

在拿破仑的冒险生涯中，赢得的挚友不计其数。这些朋友，都给他提供了极大的帮助，并带给他极大的信心。

在1812年从俄国撤退时，法军面临着极大的困境：缺少食物和衣服。在撤退的途中，法军骑兵接二连三地死去，尸体铺满了道路。

整个军心都有点动摇，而拿破仑却毫不惊慌，安之若素。这一方面和他的坚强的个性分不开；一方面是因为他对朋友们的高度信任。

正所谓带人先带心，"得民心者，得天下也"。

作为领导者，要起表率作用，"平常时段，看出来；关键时刻，站出来；生死关头，豁出去"。平常时段，看出来，是个人素质、潜在能力和品质的体现；关键时刻，站出来，是勇气、原则和实力的展现；生死关头，豁出去，是一种勇于奉献和敢于牺牲的精神。很多人在关键时刻丧失领导力的原因就是：要求下属"照我说的做"，而不是"照我做的去做"。在关键时刻不能坚持原则，更没有勇气和实力站出来，也就是不敢说"看我的"！

事实上，任何一个领导者的行为，都会影响他的追随者和身边的每一个人。追随者会通过一种被称为"示范"的学习过程而受到影响。这种影响在平时是潜移默化的，也许不会被清醒地认识到，可在关键时刻却是非常强烈的。

但是，单靠良好的个人品质还不能成为领导人物，这些品质必须和积极与人沟通的能力结合起来才能发挥作用。金子具有价值,但价值产生于人们认识金子之后。领导者与别人建立良好的人际关系,主动关怀别人,学会与别人交谈并调动别人的积极性,就是一个让人认识的过程。沟通的过程绝非只是一个传达自己的观念或意见的过程,而是一个双方心灵的交流并相互认同的过程。领导者通过这一过程,将自己的人格魅力焕发出来,对他人产生潜移默化的鼓舞作用。

青少年大多还没有尝过当领导的滋味,但是我们从小就应该学习,及早准备,及早打好基础,以后的路也会更好走。

学会当机立断

成功的第一个条件就是要有决心,而决心要下得迅速、干脆、果断,又必须具有成功的信心。

——大仲马

成功者都具有出色的组织领导的能力,只有这样,才能让别人更好地为自己服务,让自己的计划迅速展开。如何组织领导?最重要的是在关键时候学会当机立断。

当机立断需要有选择最佳方案的决策能力,决策就是方案选优。不过,这个选择不是简单地在是非之间挑选,而往往是在一种方案不一定全优于其他方案的情况下进行的。科学决策必须建立在对多种方案对比选优的基础上,这就要求领导者具有方案对比选优的能力。

当机立断需要有风险决策的精神。客观情况,往往是纷繁复杂的，有一些情况是不可能让人事先做出百分之百正确判断的。现实生活中，成大事者常常遇到的是一些不确定型、风险型的决策，这就要求决策者有敢想敢干、敢冒风险的精神，不能追求四平八稳，因循守旧。

"当断不断，反受其乱"。决策是不能一拖再拖的，它需要在有效的时间内完成。否则，正确的决策一旦过了时间就会成为错误的方案。关键时刻善拍板是成大事者必备的能力。

美国第34任总统、世界反法西斯战争的杰出统帅、五星上将艾森豪威尔于1944年6月5日在诺曼底登陆战前夜，表现出了非凡的当机立断的决策魄力，使诺曼底登陆战役取得辉煌胜利，从而扭转了整个战局，沉重地打击了法西斯势力。登陆前夕，天气情况恶劣，一直下着大雨，气象预报也不能完全肯定6月6日就能转晴。如果天气不转晴，那么空降兵将无法着陆，将会使整个登陆计划失败，使50多万名士兵面临牺牲的危险。在众多的将领都迟疑不决的时候，艾森豪威尔当机立断，决定6月6日实行登陆，并赢得了胜利。

凡是成大事者，在关键时刻都不能退缩、不能无主见，像一

只无头苍蝇,而是要敢于拍板拿主意,表现出非凡的决策能力。曹操曾有这样一番话:"大英雄者,胸怀大志,腹有良谋,有包藏宇宙之机,吞吐天地之志也。"说的正是成大事者的决策能力。而在当今社会,面对瞬息万变的信息,捉摸不定的局势,要想成大事必须对分析、判断能力有更高的要求,犹豫不决只会贻误战机,带来巨大的损失。青少年要想成为一位出色的组织管理者,就要经常做决策。

青少年中有许多好苗子,如果现在不培养,有可能就会给自己造成很大的遗憾。那么,如何让自身潜在的这种决策能力发挥出来,给自己增添一份光彩呢?

第一,克服优柔寡断。要想让自己成为一名成功的决策者,就要下力气改掉自己优柔寡断的缺点。当机立断的决策者就是要具有快刀斩乱麻的气质。

第二,克服胆小怕事。要想让自己成为一名成功的决策者,就要用心改掉胆小懦弱的缺憾。青少年们要让自己变得勇敢起来,敢于承担风险和责任,才能具有当机立断的决策魄力。

第三,克服盲目无知。当机立断的决策要求快速拍板,但这绝不意味着不了解情况乱做决定。千万不要让自己养成在对事物毫无了解的情况下就随意做出决定的坏习惯。做事情一定要考虑清楚，做到心中有数然后再做出决策，才不至于酿成后患。

第四，克服拖拖拉拉。要想让自己成为一名成功的决策者，就要着重改掉自己的办事不知紧慢、拖拖拉拉的坏毛病。如果做出的决策总是比别人慢半拍，贻误战机，当然必败无疑。

第五，克服婆婆妈妈。要想让自己成为一名成功的决策者，首先要改掉自己的婆婆妈妈的毛病。否则将来真的做了领导者，好不容易做出一个决定来，却又说得啰唆，让下属不得要领，还是枉费决策了。

第六，克服以自我为中心。如果一个人总是只从自身利益着想，是没有人愿意和他打交道的，更不用说被他领导了。

第七，避免自以为是。总觉得自己什么都对，不接受他人的意见和批评，总有一天会自食恶果的。而且人们对趾高气扬的人从来都不会有什么好感。

在服务他人中培养自己

一个人要帮助弱者，应当自己成为强者，而不是和他们一样变成弱者。

——罗曼·罗兰

青少年要想出人头地，就必须有足够的自信让自己脱颖而出，成天缩头缩尾就算有能力别人也看不到，也等于没有能力。所以一定要在必要的时候学会毛遂自荐，给自己寻找一个合适的定位。

革命先驱者孙中山说过:"人生以服务为目的。"印度圣雄甘地曾说:"想象一个你所见过最贫穷的人,然后问自己你的下一个行动是否有助于他。"

一个拥有爱心的人,往往容易与周围的人相濡以沫,并凭借爱心培养出其他优秀的领导品质。这样也就更容易、也更可能迅速地达到成功的顶峰。一个富有乐于助人精神的人,也必然会有好多的追随者,从而在人生路上不但不会寂寞和苦闷,还会有助于自己的发展和成功。爱是相互的,因此,我们要学会爱别人,这样我们才会得到别人的爱。

毛泽东8岁进私塾馆。私塾中午不放学,学生得自带午饭。但是家境贫困的同学,连早餐都半饥半饱,哪里吃得上中饭?毛泽东不忍心,常分些饭菜给穷苦同学吃,有时干脆全让出去,自己却忍着饥饿,到傍晚才得一顿饱餐。母亲惊奇地发现孩子吃饭狼吞虎咽,食量倍增,生怕生出什么病来。儿子悄悄地把事情的原委告诉了母亲,母亲用慈爱的目光肯定了孩子的举动,并给孩子的午饭都格外多些,以分些给穷孩子吃。

有一年冬天,天寒地冻,毛泽东在上学路上遇到一个衣着破烂单薄、冻得发抖的同学。他默默为同学叹气,想了想后,毅然把自己身上一件半新夹袄脱下来,披在那个同学身上。这事直到第二年春,母亲翻晒冬衣时才发现。

有一年秋收,昏天黑地,暴雨即临。毛泽东赶在雨前帮助邻居毛四阿婆收藏稻谷,自家晒着的谷子却让暴雨给冲走了不少。

毛泽东在湖南第一师范读书时,他与一个远方堂叔一道从长

沙回家,半路上投宿旅店。后来又来了一位客人,这位客人第二天天不亮就走了。毛泽东起床时,找不到自己的棉裤。堂叔马上去追那个客人,果然是他偷走了,而且穿在身上。堂叔把他捉回来,狠骂了一顿。但毛泽东并没有责备那客人,却和和气气地同客人交谈,得知客人是一个失业工人,大寒天只穿一身单衣服,身上不名一文。毛泽东很同情他,不仅没要回棉裤,反而留他在店里共用早餐，并送他一串铜钱作为路费。

关于毛泽东乐于助人的故事还有很多，正是他的这种美德，使他一生在为别人服务，并成为一代伟人。

如何培养青少年乐于助人的能力呢？

1. 学习身边的榜样

榜样的力量是无穷的，它对青少年思想品德的形成有巨大的感染力和说服力。青少年模仿力强，有上进心，他们对英雄、模范人物最容易产生敬仰和依赖，并能以榜样的言行来评价周围的人和自己的行动，以此激励自己奋发向上。而他们对身边看得见、摸得着的榜样，更感到亲切、可信、易于学习。因此，要注意培养青少年学习身边的榜样。

2. 从点滴小事抓起

培养青少年关心集体，关心别人的品德，还要从平日的小事做起。有些事虽小，却能反映出一个人思想深处的东西。一次老师给学生们发《小学生学习报》，有一份被撕了一道很长的口子，老师事先告诉了学生们，并把报纸一张一张地摆放在桌子上，让他们自己来取。前几个学生都拿好的报纸走了，轮到小明同学，他走到讲桌前，拿起了那张有口子的报纸，这时有几个同学小声说："桌子上有那么多好报纸你不拿，真傻！"可他却说："我要好的，他要好的，这破的总得有人要吧。"这是多么淳朴的话语，多么美好的心灵呀！青少年应学习小明这种为他人着想、舍己为人的精神。

储藏领导才干

> 如果派我当领导,我将不以年轻为借口而拒绝,我认为我正年轻力壮,足以抵抗危险,不受伤害。
>
> ——色诺芬

作为领导者,要做到八面玲珑,必须具备非凡的才干。只有具备非凡的才干,才能在面对任何情况时都得心应手。才干不是先天有的,而是后天培养的,青少年一定要利用各种条件为自己储藏这些资本,包括:

1. 语言魅力

强有力的语言不仅使你富有吸引力,而且是事业成功的一种要素。中国自古以来崇尚辩术,战国时期苏秦与张仪仅凭一张嘴,说服各国合纵连横,苏秦还身掌六国相印,叱咤风云。这都是因为他们有一副好口才,能说服别人,把自己的意志实施。

可见,领导者必须具有强有力的语言表达能力,有一副好口才。

2. 胸怀坦荡

领导者必须有宽阔的胸怀。正所谓"宰相肚里能撑船"。

春秋战国时代,齐桓公依靠管仲最先称霸。

齐桓公名小白,是齐国公子。管仲原来是小白之皇兄公子纠的师傅。齐国的君主僖公死后,诸位王子争夺王位,到最后就只剩下小白与公子纠争夺。管仲为了替公子纠争王位,还曾用箭射伤公子小白。最终还是小白回到齐国继承了王位,这就是齐桓公。帮助客居鲁国的公子纠争王位的鲁国在与齐国交战中大败,只得求和。桓公要求鲁国处死公子纠,并交出管仲。

消息传出后,大家都同情管仲,都认为被遣送回齐国后,他一定会被折磨致死。于是有人说:"管仲啊!与其厚着脸皮被送到敌方去,不如自己先自杀。"但是管仲只是一笑了之。他说:"如

果小白要杀我，当初就该和主君一起杀了，既然还找我回去，就不会杀我。"就这样，管仲被押回齐国。

出人意料的是，桓公马上任用管仲为宰相。

管仲之所以能够当上齐国宰相，这与他的好朋友鲍叔牙有很大关系。他们年轻时曾经约定辅佐齐国建立霸业。当时在公子纠处当师傅的管仲对当小白师傅的鲍叔牙说："齐国必定是由纠或小白当上君主，其他公子不配继承。很幸运，我们在这两个优秀的公子旁当师傅。不管谁继承王位，我们都要合力辅助君主。"

桓公继位，因此鲍叔牙召来管仲，救了他的命，并且推荐他为宰相，遵守了彼此的约定。

3. 独立的品质

独立性表现为一个人自己有能力做出重要的决定并执行这些决定，有责任并愿意对自己的行为所产生的结果负责，相信自己的行为是可行的，能产生积极的成果。大凡领导者，往往不能完全按照自己的意志行事。其实，在充分发扬民主的基础上，最后需要领导者一锤定音。

4. 果断的性格

果断性表现为善于迅速地明辨是非，及时地采取措施处理一些事情，尤其是一些恶性突发事件。

李·雅科卡曾经说过："如果要我用一个词来概括优秀领导者的特点，那我就会说是果断"。当断则断，贻误了战机就可能导致企业处于不利的境地甚至破产。

与果断相反的是优柔寡断，这是缺乏勇气、缺乏信心、缺乏主见、意志薄弱、逃避责任的表现。作为领导者，这是万万要不得的。

5. 强烈的自制力

自制力是指能够驾驭自己的意愿的能力。在失败、恐惧、压力、倦怠的情况下，领导者需要振作精神，消除由于这些不利因素带来的一连串的连锁负效应。在成功的时候，需要戒骄戒躁，警惕成功之后随之而来的放松和自满。

有一只红狐狸，为了捕获野鸭子充饥，常常可以连续几天都潜伏在冰冷的沼泽地里。这样一连几天，直到野鸭子由于一时疏忽被它逮住为止。这只红狐狸不是很善于控制自己的行为吗？

钢铁大王卡内基在没有资金、没有背景、没有接受过高等教育的情况下发迹，他把自己的成功归功于自律。

能驾驭、运用自己心智的人，可以轻易地获得他梦想的东西。领导者不能被胜利冲昏了头脑，也不能被挫折压弯了腰。在荣誉面前不能飘飘然，在困难面前更应卧薪尝胆。

自我推销的能力
——突破命运的樊笼

哈佛告诉你

这是一个推销的世界,任何东西都可以像"商品"一样推销出去。所以,学会自我推销已经势在必行。因为你学会了推销自己,也就具备了这方面的才华,那其他东西也就可以顺利推销了。

开门见山,形象提升你的品位

服装和举止不能造就一个人,但他被造就成人时,服装和举止就会极大地改善他的外貌。

——比彻

艾历先生叙述了他的一次非常不愉快的消费经历。

艾历先生下班后,走进一家咖啡馆。他看到桌子上又脏又乱,椅子也摆放得不整齐,而侍者们则站在柜台前闲聊。

这就是咖啡馆给艾历先生的第一印象。艾历先生说:"我马上就有了一种感觉,我将得不到良好的服务。"艾历先生的预感是正确的。侍者们对于艾历先生的出现没有表现出应有的反应,只是"例行公事"地给艾历先生上了咖啡。艾历先生要求把一片狼藉的桌子清理干净,侍者遵命清理了桌子,拿走了脏的杯子,擦干了桌面的水渍。

咖啡是纯正的上品货。咖啡店的装潢设计也是一流的,

堂皇雅致，无可挑剔。艾历先生却失去了喝咖啡的兴致。他只喝了一口咖啡，便离开了这家咖啡馆。艾历先生说："我再也不会来这儿了！"这家咖啡馆，永远失去了一位顾客。艾历先生在这家咖啡馆里，总共只待了5分钟的时间，显然是糟糕透顶的5分钟。

把这种现象引申到我们的自我推销中，也是同样一个道理。如果没有给对方一个好的印象，那接下来的自我介绍也就成多余的了，所以要留给别人一个好的"第一印象"。

爱美之心人皆有之。端庄的相貌、优雅的举止、和谐的穿戴和翩翩的风度，可以给人以美的感受，因而会产生对他人的吸引。在与别人接近时，个人形象是举足轻重的一环。一位优秀的青少年，得体的着装、优雅的气质，处处显得干净利索、恰到好处，会给人留下良好的印象。

研究结果表明，个人感觉对方外表的魅力与想再次与之相见的相关系数为0.89，这要比其他特征，如个性、兴趣相同等的相关系数高。由此可见，人的仪表在交往中产生着重要影响。所以，青少年要注意自己的形象，穿衣要有讲究，不能像几岁孩童一样随随便便。记住，唯有相宜的着装才可以打造出你个人的品牌。

另外，还必须注意个人卫生。不修边幅、蓬头垢面就会给别人留下恶劣的印象，直接影响活动进行甚至会导致人生事业的最终失败。所以，注意卫生细节是非常必要的。

时常自测一下：

头发是否有讨厌的头屑？看起来是否健康亮泽？

眼角是否有眼屎？

鼻子是否露出了鼻毛？

牙齿是否洁白干净？

口气是否清新？

颈部，尤其是后颈和耳后的位置是不是和脸一个颜色？

指甲里是否有污垢？

最后，请确认自己的身上没有令人不愉快的味道散发出来。

含而不露，内涵雕琢你的魅力

人的思想是可塑的。一个人如果每天看同一幅好画，阅读某部佳作中的一页，聆听一支妙曲，就会变成一个有文化修养的人——一个新人。

——罗斯金

为了更好地进行自我推销，青少年必须努力提高自身内涵、修养，这样才能彰显你的个人魅力，才能吸引更多的人。

1.微笑的魔力

在生活中，愉悦的笑脸总能洋溢着快乐与轻松，展现出你我内心中最真诚的情感。只要是我们看见一张满是笑容的脸，就会立刻受到感染，脸上也不由自主地挂满笑容。

微笑可以带来快乐，温馨可以带来关怀。真诚柔和的笑容会像天使一样给人带来幸福。也只有微笑，才能真正地承担痛苦，真正地体现出一个人的坚强。因为微笑就像大海一样，可以包容一切的风浪。

在向别人推销自己的过程中，微笑可以给对方一种如沐春风的感受。

微笑是如此的重要，可是生活中却没有多少人懂得为什么要微笑，如何微笑。其实，微笑很简单。清晨，在我们起床之后，对着镜中的自己微微一笑，心情就会开朗许多；与朋友见面的时候点头微笑，就是将一个愉悦的信息传达给对方，告诉对方我现在很快乐，我也希望你快乐。这个时候，人与人之间就会多一些暖意，多一些默契。

我们应该学会把微笑时时刻刻挂在脸上，微笑就是我们脸上的阳光，可以扫除所有的烦恼与不快，可以感动人世间最冷酷的心灵。有一首小诗曾经这样赞美微笑："没有人富，富到对它不需要。也没有人穷，穷到给不出一个微笑。"既然如此，我们为什么不让自己微笑呢？

2. 正直的魅力

正直是做人应该具有的优良品德，历来为人们所称道和赞誉。所谓正直，就是有什么说什么，对人对事都做到开诚布公，毫无偏袒之心。古往今来，许多人都把正直看成是对人生起着重要作用的良好品质。春秋时期的韩非子说："正直者顺道而行，顺理而言，公平无私，不为安肆志，不为危易行。"明朝抗倭名将戚继光说："正直无私，扬眉吐气，我不怕人，人皆敬我，就是天堂快乐之境，此为将之根本。"英国中世纪大文豪莎士比亚说："世上没有比正直更丰富的遗产了。"

正直，意味着有很强烈的道德感，勇于坚持自己的信念，敢于表达自己的意见。古代有个成语，叫"刚正不阿"，民间所说的"身正不怕影斜，脚正不怕鞋歪"都是形容正直人士的。正直的人，无论在任何情况下都能忠于自己，使自己言行一致。只有做到正直，我们才能赢得他人的友谊、信任、钦佩和尊重，我们也就能很好地推销了自己。正直是人生的脊梁，是立世的风骨。在人们所具有的众多品质中，能够支撑起整个人生，使之潇洒前行的，只有正直！

3.热情的吸引力

什么是热情呢？热情，就是一个人保持高度的自觉，就是把全身的每一个细胞都调动起来，完成他内心渴望完成的工作。热情，就是一种发自肺腑的爱，一种对工作的真爱，一种强劲的工作情绪，一种对人、事、物和信仰的强烈情感。

如果缺乏热情，军队就无法克敌制胜；诗人就写不出动人的诗歌；建筑师就建造不出富丽堂皇的宫殿……如果缺乏热情，即使拥有再美好的愿望，也无法变为现实。如果缺乏热情，别人也不会注意你，更不会接纳你。

要想成功推销自己，就必须拥有热情。只有热情，才能使你焕发异彩，成就辉煌。

热情是无法伪装也无可取代的气质，所以它也包含了"真诚"的意思，它表现在一个人的态度、举止、眼神、表情、手势、口气等行为语言之中。所以，一个人是否对另一个人具有真诚的热情，是能立即感受得到的。

三洋汽车公司前总经理张国安先生，在献身汽车工业 30 多年之后，骤然遭到解职。然而，他却并没有消沉，反而比以前更积极、更热情地参加演讲会、写书，希望把他的经验和历练推销给年轻人。这份感人的热情，不仅使别人获益良多，更为他个人的事业领域开拓了新的境界，再创了新的生机。

所以，热情洋溢是成功地推销自我所不可缺少的。

4. 诚实无价

从前，有一个贤明而受人爱戴的老国王，他没有子嗣，眼看王位无人继承，他便昭告天下："我要亲自在国内挑选一名诚实的孩子做我的义子。"

他拿出许多花的种子，分发给每个孩子说："谁用

这种子培养出最美丽的花朵，那孩子就是我的继承人。"

所有的孩子都在大人的帮助下播种、浇水、施肥、松土，照顾得十分细心。其中有一个叫雄日的男孩子，他整天用心培育花种。但是，10天过去了，半个月过去了，花盆里的种子并没有发芽。雄日很纳闷，就去问母亲。他母亲说："你把花盆里的土壤换一换，看看行不行？"雄日就换了新的土壤，又播下了种子，但仍不见种子发芽。

国王规定的献花的日子到了，其他孩子都捧着盛开鲜花的花盆涌上街头，等待国王的奖赏。只有雄日双手捧着没有花的花盆，站在一旁流泪。

国王见了，便把他叫到面前问道："你为什么端着空花盆呢？"雄日诚实地将他如何用心培育，而种子却不发芽的经过告诉了国王。

国王听完，满心欢喜地拉着雄日的双手说："你就是我忠实的儿子，因为我发给大家的种子都是煮熟了的，根本就发不了芽，开不了花。"

因为诚实，雄日成了国王的继承人。可见，诚实作为人性中一种永恒的品质，可以成就一个人的事业甚至影响一个人的一生。

秉承诚实的品质，在进行自我推销中真诚地与人进行交流，这样才会赢得别人的信任。

推销就像是绘画能力，是一种才华，两者都需要培养个人的风格；没有风格的话，你只是普通人中的一个而已。

能够将自己推销给别人的人，才能推销世界上任何有价值的东西。而那些不善于推销自己的人往往安于现状，不敢向自己提出挑战，亦不敢将自己的形象公之于众，这类人会时时碰壁，一无所成。

我们无时无刻不在推销自己。现代社会是一个推销的社会，我们每一个人都需要推销，我们每一个人都在从事推销，包括自己的思想、观点、成就、产品、服务、主张、感情等。

把握推销技巧，让你独领风骚

无论天资有多么高，你仍需学会技巧来发挥那些天资。

——卓别林

为什么有些人在真才实学方面也许并不怎么样，但是却可以找到一份薪水很高的工作呢？最主要的原因就是此人善于推销自己。生活就需要一连串的推销，不管自己是否对这项技术在行。要想生活得有价值、有意义，必须学会推销，掌握推销技巧。

1960年美国大选到了剑拔弩张的时候，在两位主要候选人约翰·肯尼迪和查理·尼克松之间展开了一场非常关键而激烈的电视辩论。在辩论以前，很多政治分析家都一致认为肯尼迪将处于劣势，因为他年纪轻，名气比较小，而且是一位天主教徒，说话的时候还有浓重的波士顿口音。但是，实际上，美国观众在荧屏上看到的却是一个心平气和、说话很轻松又富有幽默感的肯尼迪先生，他面孔新鲜十分讨人喜欢。坐在旁边的尼克松却显得饱经风霜，紧张而不自在，据说，就是通过这次电视辩论的对比，肯尼迪因为很好地推销了自己，从而赢得了美国大众的喜欢，最终打败了强劲对手尼克松。

掌握推销技巧之前还必须做好准备：

正确认识自己。不论推销什么东西，要做的第一件事就是对自己所要推销的物品了如指掌，以便自如应答对方的询问。所以，青少年在推销自己的时候，首先要了解自己的具体情况。比如通过问自己一些"我是什么样的人""我有什么优点和缺点""我能满足他人什么需要""我最擅长的事情是什么"等问题来了解自己。

要充满自信心。如果作为推销员，自己对自己的商品价值都不抱有乐观和信心，怎么能让别人对你抱有欣赏的态度呢？所以，青少年平常就一定要注意树立自信心，善于发现自己的闪光点并加以放大。在推销自己的时候，只有充满自信，才具有感染力，才能让对方明白你这个"商品"的优良特性，让对方明白接受你的推销才是他当前最好的选择，否则就会后悔。

沟通表达能力。凡是推销，就都需要出众的口才和沟通能力，凭着三寸不烂之舌说得头头是道、句句在理，让对方相信你所说的每一句话、每一个字儿，这样才能达到推销的目的。所以青少年平常就要注意培养自己的口才，让自己多和周围的人沟通，青少年也可以通过找一个自己感兴趣且有争议的话题与朋友展开辩论来提高自己的口才。辩论中需要找很多有利于己方的证据，所以对推销很有帮助。

良好的外在形象。现在的商品都十分注重外在的包装，一个人要想把自己推销出去，就一定要注意自己的外在形象。虽然不一定要拥有美丽的外表，但是务必要给人以清爽的感觉。用人单位在选拔人才的时候，是很注重外表的。

做好准备，就开始掌握以下要领。

1. 自我推销要善于面对面

通过面对面交流可以推销自己，说服对方，达成协议，交流信息，消除误会。面对面推销自己时，应注意遵守下面的规则：依据面谈的对象、内容做好准备工作；语言表达自如，要大胆说话，克服心理障碍；掌握适当的时机，包括摸清情况、观察表情、分析心理、随机应变等。

2. 自我推销要有灵活的指向

萝卜青菜各有所爱。对人才的需求也是这样。有时即便你针对对方的需要和感受去推销自己，仍然说服不了对方，没有被对方接受，那么你就应该重新考虑自己的选择。倘若期望值过高，目光只盯着热门单位，就应适时将期望值降低一点，多关注几个单位；还可以到与自己专业技术相关或相通的行业去推销自己。美国咨询家奥尼尔这样说："如果你有修理飞机引擎的技术，你可以把它变成修理小汽车或大卡车的技术。"

3. 自我推销要有自己的特色

推销自己必须先引起别人的注意，如果别人不在意你的存在，那就谈不上推销自己。那么，如何引起别人的注意呢？关键就是要有自己的特色。这里的所谓特色，就是使对方认为你有自己的独到之处。

4. 自我推销要灵活运用宣传手段

运用宣传手段推销自我时，应以简短的自传形式扼要地概括自己的简历、才能、发明创造、贡献、目标、理想、爱好等，分寄给你认为有可能对你感兴趣的单位和部门。也可以通过熟人、亲友等传递，还可以通过登广告的形式，向对方推销自己。

5. 自我推销应以对方为导向

在推销自我的时候，注重的应该是对方的需要和感受，并根据他们的需要和感受说服对方，并被对方接受。假若你的对象是一家报社，那么你必须了解这家报社的特点，这家报社在全国各家报社中的地位及发展前景，更重要的是你要知道报社需要哪类人员，这样成功的概率就会高些。

6. 利用履历表或申请表进行自我推销

为此，要做好以下几点：一是尽可能了解对方的情况，搞清楚对方的要求及自己是不是够资格。二是搜集能够证实你的身份、履历、特长等方面的文件和材料，这些有助于对方评估你的素质。三是介绍材料应实事求是，简明扼要。四是字迹要端正、清楚，切勿龙飞凤舞。否则，对方连阅读都困难，就很难对你感兴趣。

7. 自我推销要注意控制情绪

人的情绪有振奋、平静和低潮等3种表现形式。在推销自己的过程中，善于控制自己的情绪，是一个人自我形象的重要表现方面。情绪无常，很容易给人留下不好的印象。为了控制自己开始亢奋的情绪，美国心理学家尤利斯提出3条有趣的忠告：低声、慢语、挺胸。

自我保护的能力
——随时随地带上护身剑

哈佛告诉你

生活是美好的，但生活中也处处存在着危险。

青少年处在一个特殊成长时期，阅历相对简单，社会经验相对不足，鉴别是非的能力也较弱，所以相对成年人来说，受到伤害的可能性就比较大，尤其需要加强安全知识教育，强化自我保护能力。

培养自我保护意识

人生欲求安全，当有五要。一是清洁空气，二是澄清饮水，三是疏通沟渠，四是扫洒屋宇，五是日光充足。

——南丁格尔

尽管现在的生存环境相对和谐，但我们的生活地带不是真空地带，我们无法清除社会中还存在的一些阴暗丑恶的现象，更无法避免突如其来的自然灾难。面对这些，青少年该如何招架呢？

你是否遇到过下面的几种情况：

情况一：在繁华的大商场，有3个十三四岁的中学生放学后到商场闲逛，遇到了几个不三不四的成年人，其中有一个人上来对走在后面的一个学生进行勒索，并用刀子相威胁。周围围了几个人。勒索者看见人多了，就说："算了，算了，走吧。"而当勒索者见学生们还不紧不慢地往前走时，就又追了过来。如果你是其中之一，该怎么办？

情况二：白欣出校门，一眼发现那个陌生男子又在等她。她退到传达室，心里很乱。前段时间学校的女生们总说校门口有坏人专找女生交朋友。但是这个人看着不像坏人，他戴着眼镜，显得文雅、礼貌。他说自己只是想做她的"哥哥"，保护地，他夸她漂亮。上一次，白欣只是推说"没时间"，就仓皇逃脱了。今天他又来了。白欣心里有一种满足感，莫非自己当真漂亮！这样的认识方式也挺浪漫的。不过，白欣又很不安，万一他是个情场老狐狸呢？万一他是披着羊皮的专门玩弄女性的狼呢？但是他似乎更像一个陷入单相思的可怜虫，或是个受人怂恿的傻小子。白欣躲在传达室，不知道接下来该怎么办。如果是你，该如何处理这件事情呢？

情况三：放学了，上初二的宋魏收拾自己的课桌，忽然发现了一件不属于自己的东西——一个牛皮信封，上边写着"宋魏亲启"。打开一看，是一张字条，上面写着——"宋魏妹妹，我们想跟你交个朋友。明天是周末,哥儿几个准备去南湖公园玩,约你同去。明日8点在老街口见面。不用带钱,大哥有,就看你有没有诚意了。"信的最后落款是"高二4位大哥"。宋魏拿着信,手心里全是汗。如果你是宋魏,该如何应对?

遇到坏人是对青少年自我保护意识的一个严峻考验,自护意识强的人就会减少犯罪分子对自己的侵害。

我们一定要把安全意识放在首位,落到实处。人的生命只有一次,人的生命是可贵的,万一遇到不可预料的危险时,能帮助你的只有你自己,所以,培养自救的能力是对我们自己负责。

"自我保护"要求我们了解一些法律常识,学会运用法律手段维护自己的正当权益,增强分辨是非的能力,敢于同不良行为及坏人坏事做斗争。此外,我们还要了解基本的医疗卫生常识,知道一些在紧急情况下基本的处理方法和救护常识。

远离烟酒的毒害

我们深信健康是生活的出发点,也是教育的出发点。

——陶行知

青少年充满好奇心,对一切新奇事物都想尝试,但是由于青少年不具备防备心理,往往会上当受骗,吸烟酗酒也就成了青少年的健康杀手。吸烟酗酒不仅影响青少年的身体健康,还影响着青少年的工作、学习、生活等方面。

王恒今年刚刚17岁,本是花一样的年华,可是却被家人送

到医院戒烟戒酒。

王恒的家境相当好,父母管理着一家经济效益不错的乡镇企业,平时无暇顾及他的生活和学业。王恒对自己的学习抓得相当紧,一直在班级里名列前茅,根本不用家长操心。

从初中一年级开始,王恒就独自一人到几百千米以外的一所寄宿制学校就读。手头富裕的他成了一些高年级学生的"目标",大家只要想抽烟喝酒,就叫上他,连学校旁边小饭馆的老板都知道王恒的"豪爽"。王恒开始只是喝着玩抽着玩,根本没有想到过因为抽烟酗酒被退学。由于王恒的好酒量,同学们给他起了一个雅号"酒仙"。每有同学聚会之类的活动,王恒都要一醉方休。

转眼王恒到了高中二年级下学期,全班同学开始进入高考的冲刺阶段,王恒的烟瘾酒瘾已经达到不可收拾的地步,他只要想抽烟喝酒,就没有人可以拦得住。老师再三劝阻无效,只好找来了家长,令其将这个"醉学生"领走。

此时王恒的父母特别悔恨,只好托北京的亲友打听戒烟戒酒的医院,让王恒强制戒烟戒酒。不到一个星期的药物治疗,王恒的"烟酒依赖"症状已经消失,随后出院。然而不到一个月,他又被亲友送回来继续治疗。

父母为此很是伤心,担心好好的一个儿子就这样因为烟酒毁掉了一生。在经过半年的治疗后,王恒才慢慢地减少了对烟酒的依赖性。

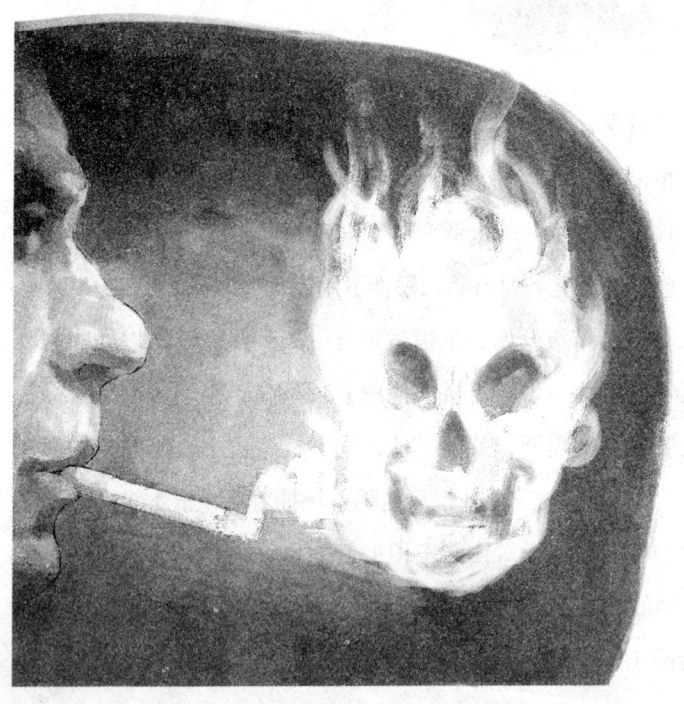

此后，王恒一直为戒烟戒酒做着不断的努力。他改掉了过去那些不良的生活习惯，学会了每天早起跑步锻炼身体，最后终于把"烟酒瘾"消除了，开始了像其他正常高中生一样的生活。

一项针对青少年烟草使用情况的最新调查显示，中国20%以上的初中生尝试过吸烟，其中有相当比例的人已表现出今后吸烟的倾向。青少年吸烟在中国已成为一个不容忽视的问题。在被调查的近1.2万名13～15岁初中学生中，有32.5%的男生和13%的女生尝试过吸烟，总吸烟率为22.5%。开始吸烟的平均年龄仅为10.7岁。超过一半的学生说他们在1周内至少有1天会生活在烟雾缭绕的环境中。

烟草的烟雾中至少含有3种危害健康的化学物质：焦油、尼古丁和一氧化碳。焦油是由好几种物质混合成的物质，在肺中会浓缩成一种黏性物质。尼古丁是一种会使人成瘾的药物，由肺部吸收，主要是对神经系统产生作用。一氧化碳能降低红细胞将氧输送到全身去的能力。

一个每天吸15～20支香烟的人，患肺癌、口腔癌或喉癌致死的概率，要比不吸烟的人大14倍；患食道癌致死的概率比不吸烟的人大4倍；死于膀胱癌的概率要大2倍；死于心脏病的概率也要大2倍。吸烟是导致慢性支气管炎和肺气肿的主要原因，而慢性肺部疾病本身，也增加了得肺炎及心脏病的危险，并且吸烟也增加了患高血压的危险。

许多吸烟者以为自己吸的是低焦油含量的香烟，吸烟的危害就可轻微到忽略不计的程度。美国的一项最新研究表明，低焦油香烟无助于保护身体健康，吸烟者切莫因此而为自己吸烟找借口。美国癌症协会流行病研究所所长迈克尔·特恩博士对4种焦油含量的香烟与癌症发生率的关系进行了对比分析。调查对象是364239名男性和576535名女性，跟踪调查的时间长达6年，调查发现，吸低焦油含量香烟的烟民与吸中焦油量的烟民得肺癌的概率一样大。

调查还发现，吸烟和肺癌有一定的关系，不同的吸烟方式能决定肺的表面接触致癌物程度的高低，从而对诱发某些种类的肺癌起到促进作用。研究表明，只要你吸烟，危害性是一样的。

上海儿童医院陈付国博士曾遇到过一位9岁的小"酒仙"，只要有人让他喝酒，不论什么酒端起来就下肚，颇有点"千杯不醉"的味道。原来只是亲友聚会时，家长为了逗乐，让其敬酒或陪大人喝酒。后来孩子渐渐对酒成瘾，最终因为经常头痛被送入医院。

据介绍，酒精进入人体内主要由肝脏进行解毒，最终代谢产物为二氧化碳及水，对机体亦不能提供任何营养成分。一次过量饮酒可对肝、肾造成损害，并影响脑细胞代谢。青少年正处于生长发育阶段，各脏器功能还不是很完善。此时饮酒对机体的损害尤为严重。有人做过试验，青少年即使饮少量的酒，其注意力、记忆力也会有所下降，大脑反应速度将变得迟缓，严重影响青少年的智力发育。此外，青少年对酒精的代谢解毒能力低，饮酒过量轻则会头痛，重则会造成昏迷甚至死亡。

不少人认为少量酒精刺激能使人注意力集中，实际上并非如此。少量酒精仅有一些镇静作用，摄入较多则对记忆力、注意力等有严重伤害。饮酒太多会造成口齿不清、视线模糊、失去平衡力。长期大量饮酒，几乎无可避免地会导致肝硬化或急性胰腺炎的发作。大量饮酒的人还会发生心肌病，更会导致严重胃炎及胃出血，给人体造成极大伤害，也给公共安全增添隐患。

由此可见，抽烟酗酒对青少年的成长绝对是个毒害。我们千万不要自以为青春年少，朝气蓬勃，认为疾病离我们还很远，就随心所欲，放纵自己。本着对自己负责，对社会负责的态度，赶紧远离烟酒的毒害吧！

不要让赌博缠身

生活的意义在于美好，在于向往目标的力量。应当使生活的每一个瞬间都具有崇高的目的。

——高尔基

对于"赌博"这个词大家一定不会陌生，我们在电影电视中经常看到赌博的场面，或许有许多人还曾经亲身参与过赌博活动。那么，到底什么是赌博呢？赌博就是以金钱、财物为赌注，利用麻将、扑克等工具，判定输赢的一种活动。另外，由于科技的发展还出现了人与机器的赌博，这就是许多人常玩的打电子麻将、赌币等。

我们反对赌博，无论是青少年还是成年人都应该摒弃赌博行为。《中华人民共和国刑法》上有明确规定：严禁任何公民聚众赌博。既然赌博是社会上严禁的活动,它一定是有很大危害的。赌博的实质是一些别有用心的人利用这种手段骗取别人财物。尤其是那些经常设局和拉拢别人参与赌博的人,都是想通过赌博骗取别人的财物。

赌博所带来的负面影响往往比其直接影响更大。如果赌博输了,输掉的也只是赌场上的钱。而因为赌博输了钱而去偷抢来偿还债务,结果锒铛入狱则悔之已晚。许多青少年都是在染上赌博的恶习之后相继产生了拜金主义、享乐主义,染上了小偷小摸等坏习惯,这对青少年的健康成长是极为不利的。赌博对青少年造成的影响主要表现在:

严重违反校纪校规。赌博容易上瘾,既花费精力又浪费时间,从而不可避免地违反校纪校规。有的白天蒙头大睡,晚上"挑灯夜战";有的因为长期赌博熬夜,精神萎靡不振,就难免迟到、早退、旷课,上课时注意力不集中。

容易触犯法律。据有关资料表明，高校学生中因赌博被学校给予开除、留校察看等处分的情况时有发生，而因赌博走上违法犯罪道路的也不胜枚举。

葬送前途。某高校同一宿舍6名学生，入学时成绩均名列前茅，后受赌博风气的影响，打麻将赌博上瘾，经常围坐一起，赌博到凌晨两三点钟，有时通宵达旦，平时不做作业，更无心钻研，导致学习成绩逐渐下降，同时留级，最终退学。

影响正常秩序。赌博活动不可避免地要影响周围环境，大多数不愿参与赌博的同学有碍情面又不便或不敢出面直接制止，想学习、想休息、想从事其他娱乐活动者往往忍气吞声。时间一长，不满意、不信任的气氛必然产生，正常的秩序必然被破坏。

总之，赌博是一种有百害而无一利的活动，每个青少年都应远离它。